Irene Huertas González

Comportamiento de aceros al carbono frente al fuego

Irene Huertas González

Comportamiento de aceros al carbono frente al fuego

Facultad de Ciencias Químicas, UCM.

PUBLICIA

Imprint

Cover image: www.ingimage.com

Publisher:
PUBLICIA
is a trademark of
International Book Market Service Ltd., member of OmniScriptum Publishing Group
17 Meldrum Street, Beau Bassin 71504, Mauritius

Printed at: see last page
ISBN: 978-620-2-43100-2

Zugl. / Aprobado por: Madrid, Universidad Complutense, Tesis Doctoral 2013

A mi familia,
un apoyo incondicional.

AGRADECIMIENTOS

Ante todo, y antes de empezar con el desarrollo de mi trabajo de investigación, me gustaría hacer un agradecimiento a todas las personas e instituciones que me han echado una mano:

- A mi director, Dr. Juan Antonio Trilleros Villaverde, por los consejos constantes para hacer las cosas bien y por el optimismo que intenta contagiar en todo momento.
- Al Dr. Luis Caballero Molano, por permitirme trabajar con la Universidad Politécnica de Madrid en la Facultad de Caminos y poner a mi disposición todo aquello que he necesitado.
- Al Dr. Victor López Serrano por abrirme las puertas del Centro Nacional de Investigaciones Metalúrgicas y brindarme algo de su tiempo para aprender de su amplia experiencia y al Laboratorio de Rayos X (área de fluorescencia y emisión) de dicho organismo.
- A Jesús Hoya Sánchez, por construirnos ese horno que tanto me ha hecho de rabiar.
- A todos los componentes del Departamento de Materiales e Ingeniería Metalúrgica de la Facultad de Ciencias Químicas.
- En ámbito personal, a mis padres, Francisco y Araceli, que me han apoyado y aconsejado en toda decisión. A mi pareja que siempre está cuando la necesito y en conjunto a toda mi familia y amigos que me han escuchado en todo momento.

Este trabajo ha sido realizado gracias a la financiación proporcionada por el proyecto del Plan Nacional de Investigación Científica y Desarrollo Tecnológico BIA 2008-06705-C02-02 del Ministerio de ciencia e Innovación.

ÍNDICE

PARTE I

PRÓLOGO Y OBJETIVO

1. PRÓLOGO Y OBJETIVO DEL TRABAJO

Actualmente la seguridad es un objetivo principal en las actuaciones de las sociedades desarrolladas, tanto en lo referente a las actividades propias, tanto de la construcción civil como industrial [1-5]. Evidentemente en los temas de seguridad, constituye un paso obligado el tener información del comportamiento en servicio de los diferentes componentes y de los materiales que lo constituyen, tanto en acciones ordinarias como extraordinarias, como son entre otras, la aparición de fuego y/o explosión, aspectos ambos que habitualmente no se consideran en el diseño y en el dimensionamiento de las estructuras que intervienen en los proyectos y en su posterior ejecución [6,7], ya que de ordinario simplemente se utilizan valores tanto de las propiedades mecánicas como térmicas a nivel de temperatura ambiente.

Cuando se han de evaluar el comportamiento de los materiales bajo la actuación de acciones extraordinarias, los códigos y las normativas al respecto, hacen referencia a la utilización por evaluación ponderada tanto de las propiedades térmicas como de las mecánicas, una vez que los materiales han alcanzado determinados niveles térmicos, asignándoles a toda la zona un comportamiento de isotermicidad que no se ajusta a la realidad; ya que toda acción extraordinaria da origen a la aparición de un campo de temperaturas, por lo que ha de tenerse en cuenta el fenómeno de transporte de calor en los diferentes materiales estructurales intervinientes, considerando el flujo de calor hacia, en y desde los mismos, lo que supone considerar el campo de temperaturas generado. También ha de tenerse en cuenta los diferentes mecanismos de transmisión de calor que intervienen, conducción, convección, radiación, y todo ello en un régimen transitorio, es decir, variando las temperaturas en el espacio y en el tiempo.

Dentro de los materiales de construcción, el acero al carbono constituye uno de los pilares sobre los que descansan los diferentes proyectos de construcción, siendo conocida la evolución de las propiedades tanto mecánicas como térmicas, en función del nivel térmico de operación, pero lo que no se tiene un conocimiento claro es de la evolución del comportamiento en servicio de los materiales en régimen transitorio, en donde ha de tenerse en cuenta la masividad de las estructuras, lo que da lugar a la apreciación de comportamientos térmicos y mecánicos disimilares.

Por todo ello, se ha creído conveniente iniciar un estudio experimental del ANALISIS DEL COMPORTAMIENTO DE LOS ACEROS AL CARBONO FRENTE AL FUEGO, dentro del proyecto del Programa Nacional de I + D + i, BIA 2008-06705-C02-02, fundamentado en el diseño puesta a punto y puesta en operación de un horno piloto para los ensayos de aceros al carbono estructurales, bajo la acción de fuego siguiendo las normas de transitoriedad térmica al respecto, empleándose probetas de masividad 50, valor este típico de los materiales utilizados en construcción.

Para el desarrollo del presente trabajo, se ha tenido en consideración los apartados siguientes: en primer lugar se presenta una revisión sobre el estado del arte sobre la temática de la acción del fuego sobre los materiales estructurales, a continuación se describe el procedimiento experimental seguido para desarrollar la presente investigación, posteriormente se exponen los resultados obtenidos junto a su discusión, lo que lleva a la presentación de las conclusiones más relevantes del trabajo.

Para finalizar, se ha incluido en la presente memoria, una exposición de los próximos trabajos a desarrollar dentro de la temática seleccionada para la tesis doctoral en la que se está trabajando. También se ha incluido una relación de trabajos experimentales y normativa utilizados en la redacción de la presente Memoria.

PARTE II

INTRODUCCIÓN

2. INTRODUCCIÓN

El comportamiento de los materiales estructurales frente a la acción del fuego implica que han de satisfacer unas necesidades, tal como quedan recogidas en la normativa correspondiente, [8,9] y que se resumirá a continuación.

En el caso de los incendios como es norma habitual hay que considerar dos tipos de acciones sobre los materiales estructurales como son, el comportamiento térmico y el comportamiento mecánico, con objeto de que los materiales presenten un comportamiento seguro durante el tiempo en el que ocurre dicho fuego [10]. Resumiendo, los materiales han de satisfacer, cuando están expuestos a la acción del fuego [11,12], un criterio de aislamiento térmico por el que el elemento estructural evita un exceso de la transmisión de calor; el criterio de integridad, por el que se previene el paso de las llamas y de los gases calientes; y finalmente el criterio de resistencia, por el que se asegura la capacidad de la estructura para soportar cargas durante la acción del fuego [13]. Dependiendo de las funciones del elemento estructural se le va a requerir el cumplimiento de unos criterios u otros para asegurar la resistencia al fuego.

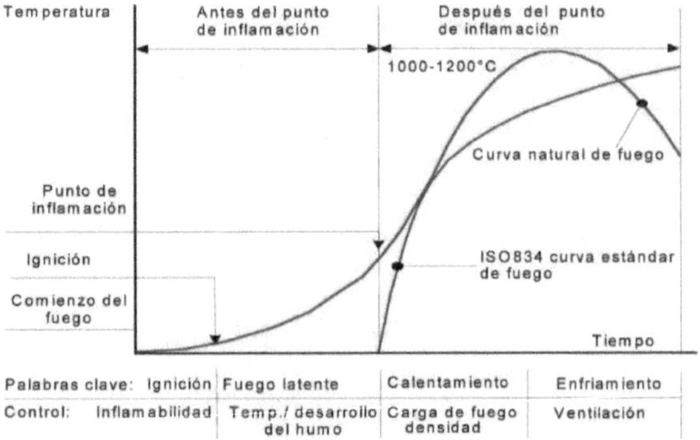

Figura 1. Fases de un fuego natural comparando las temperaturas de un fuego natural con las de la curva estándar de fuego ISO 834.

Un fuego real en un edificio o en una instalación industrial, varía según el balance de materia y de energía dentro del local en donde se produce. La energía que se desprende depende de la cantidad, del tipo de combustible y de las condiciones de ventilación presentes. Es usual definir tres fases en el comportamiento de todo incendio que son, la de crecimiento, la de desarrollo máximo y por último la del cese del incendio. El aumento más rápido de la temperatura se produce en un periodo posterior al punto de inflamación, punto en el que todos los materiales se queman espontáneamente, ver figura 1.

La resistencia al fuego de los materiales de acuerdo con la norma [14], se basa en una prueba de comportamiento frente al calor según una curva acordada internacionalmente de temperatura-tiempo, definida en la norma ISO 834, que no representa ningún tipo de fuego natural. La norma ISO aceptada internacionalmente es una curva de elevación de la temperatura en un horno de ensayo [15]. Esta curva existe desde el año 1903, fue adoptada en 1918 por la American Society for Testing Materials (ASTM) y posteriormente fue incorporada en las normas de ensayo a nivel europeo. Presenta una subida de temperaturas bastante rápida al principio, fenómeno que se produce efectivamente en el momento de una deflagración. La finalidad de esta curva no fue la de reproducir las condiciones reales de un incendio cualquiera, sino la de permitir una comparación del comportamiento frente al fuego de los diferentes materiales estructurales y poder establecer una clasificación relativa con relación a un fuego de referencia fácilmente reproducible en el laboratorio [16].

Esta curva ha sido estandarizada [9,17] y tiene la forma que se indica en la ecuación (1), en donde la temperatura se expresa en grados centígrados y el tiempo en minutos, se acepta que la temperatura ambiente sea igual a 20ºC. Es logarítmica e infinitamente creciente, lo que permite en primer lugar alcanzar el colapso de los materiales. Es habitual indicar por tanto que un elemento estructural fallará después de un cierto periodo de tiempo, así R20 significa que un material estructural, puede soportar carga cuando se calienta por un tiempo no superior a 20 minutos según el fuego ISO estándar.

$$T = 20 + 345 \log (8t + 1) \qquad (1)$$

Existen otros tipos [8] de curvas que se usarán según el tipo de fuego que intervenga para cada situación a considerar. Así se tiene la curva de fuego por hidrocarburos [9,17] que se emplea cuando la carga de fuego es muy importante y en las plantas industriales, presenta una elevación muy rápida de la temperatura alcanzando un valor asintótico de 1100ºC en 20 minutos, su expresión matemática se recoge en la ecuación 2. Finalmente está la curva de fuego exterior que presenta una variación para tiempos inferiores a 60 segundos coincidentes con la curva ISO, permaneciendo prácticamente constante alrededor de los 680ºC, [9,17]; la expresión matemática para este tipo de fuego es la ecuación 3. En la figura 2 se presenta una comparativa de las diferentes curvas de fuego frente a una curva de fuego paramétrica.

$$T = 1080(1 - 0.325e^{-0.167t} - 0.675e^{-2.5t}) + 20 \qquad (3)$$

$$T = 660(1 - 0.687e^{-0.32t} - 0.313e^{-3.8t}) + 20 \qquad (2)$$

En estas expresiones también la temperatura se ve expresada en grados centígrados y el tiempo en minutos.

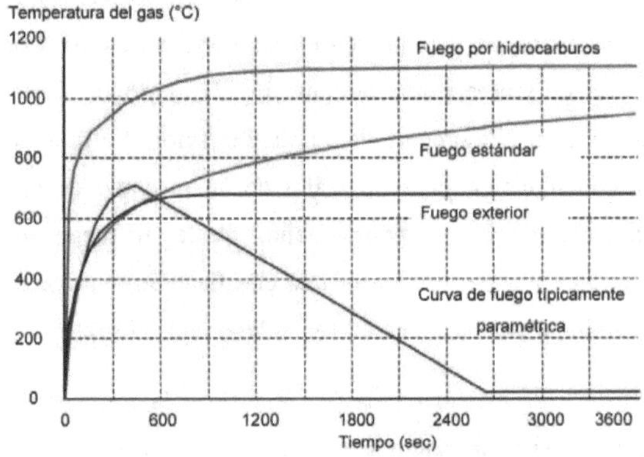

Figura 2. Curvas de fuego nominales comparadas con un fuego paramétrico.

Un método alternativo al empleo de curvas nominales de fuego, es la utilización de curvas de fuego paramétricas [18], que intentan modelar un fuego natural mediante diferentes parámetros como son: las propiedades térmicas de los materiales, la densidad de carga del combustible y las salidas de ventilación tanto en paredes como en tejados. Como puede verse en la figura 2 las curvas paramétricas tienen un comportamiento parecido a la curva ISO para tiempos pequeños, alcanzan un valor de la temperatura máxima que es superior a la curva estándar y a partir de este instante la temperatura decrece con el tiempo. Los modelos de fuego paramétrico se basan en la hipótesis de que la temperatura del compartimiento del incendio es uniforme, por lo que se limita su aplicación a áreas de hasta 100 m^2 sin huecos en el techo y una altura máxima de 4 metros, para la localización de la carga de fuego. Estas curvas paramétricas se emplean cuando la densidad de los materiales combustibles es baja, y cuando el uso de las curvas de fuego aporta resultados conservadores.

En las figuras 3 y 4, se recogen las curvas paramétricas de fuego, temperatura-tiempo, teniendo en cuenta el factor de ventilación y la carga de fuego para una superficie de ventilación de 0.1m^2, una inercia térmica de 1000 $J/m^2s^{0,5}K$, una superficie de suelo de 100 m^2 y un área total de paredes de 300 m^2, [19].

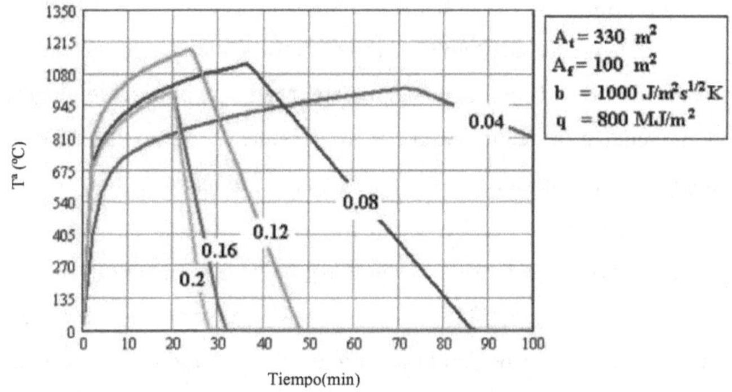

Figura 3. Curva paramétrica tiempo-temperatura considerando el efecto de ventilación.

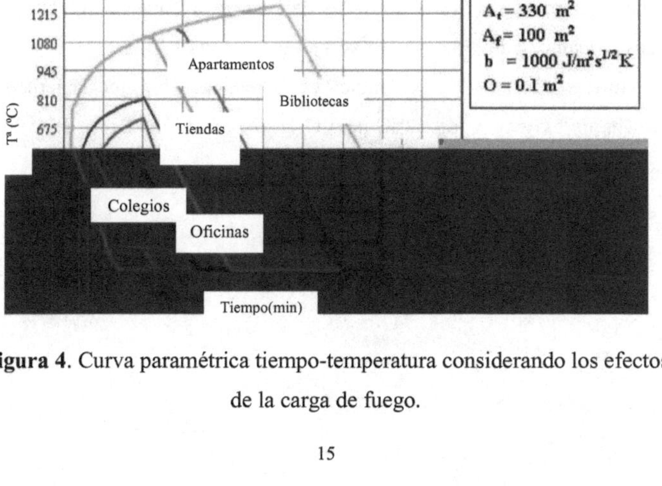

Figura 4. Curva paramétrica tiempo-temperatura considerando los efectos de la carga de fuego.

2.1 El acero al carbono como material estructural

A lo largo de la segunda mitad del siglo pasado y en lo que va del presente siglo, el acero al carbono ha tomado plena carta de naturaleza tanto en obra civil como en obra industrial, y todo ello debido a sus magníficas propiedades mecánicas a temperatura ambiente [20]. No ocurre así cuando el acero se encuentra a temperatura elevada, circunstancia que se presenta cuando se produce un fuego en dichas instalaciones.

La norma UNE-EN-10025-3 [21], hace referencia a productos laminados en caliente para construcciones metálicas. Aceros soldables de grano fino que se suministran en estado normalizado o laminado de normalización. Los aceros a los que hace referencia esta norma, no sólo son importantes las propiedades de resistencia a la tracción y la tenacidad, sino que también presentan una buena soldabilidad obtenida a partir de un reducido nivel de carbono equivalente. Mediante el proceso de normalizado se afina y homogeneiza la estructura del acero calentando a unos 900ºC y dejándolo enfriar lentamente, obteniéndose en este proceso aceros de mayor dureza.

Los grados y las calidades de los aceros que se emplean para la construcción son los que se designan como S275, S355, S420, S460. Los dos primeros, de acuerdo con la norma se clasifican como aceros de calidad no aleados y los dos últimos como aceros especiales aleados. El número que aparece en la denominación de los aceros indica el valor mínimo especificado del límite elástico en MPa para el menor intervalo de espesor, la letra N se refiere a normalizado o laminado de normalización y la letra L se refiere a baja temperatura. Los grados, las calidades, la composición química y las propiedades mecánicas de estos aceros se recogen en las tablas 1, 2, 3 y 4, [22]. La diferencia entre los aceros N y NL radica en la tenacidad ya que la temperatura de transición Charpy exigida es de -20ºC para el N (tenacidad media) y de -50ºC para el NL (tenacidad alta).

Tabla 1. Composición química del análisis del producto para aceros normalizados.

Designación según UNE EN 10027-1 y CR 10260	UNE EN 10027-2	C % máx	Si % máx	Mn %	P % máx a	S % máx a , b	Nb % máx	V % máx	Al_{total} Mín c	Ti % máx	Cr % máx	Ni % máx	Mo % máx	Cu % máx d	N % máx
S275N	1.0490	0,20	0,45	0,45 - 1,60	0,035	0,030	0,06	0,07	0,15	0,06	0,35	0,35	0,13	0,60	0,017
S275NL	1.0491	0,18			0,030	0,025									
S355N	1.0545	0,22	0,55	0,85 - 1,75	0,035	0,030	0,06	0,14	0,15	0,06	0,35	0,55	0,13	0,60	0,017
S355NL	1.0546	0,20			0,030	0,025									
S420N	1.8902	0,22	0,65	0,95 - 1,80	0,035	0,030	0,06	0,22	0,15	0,06	0,35	0,85	0,13	0,60	0,027
S420NL	1.8912				0,030	0,025									
S460N [e]	1.8901[e]	0,22	0,65	0,95 - 1,80	0,035	0,030	0,06	0,22	0,15	0,06	0,35	0,85	0,13	0,60	0,027
S460NL [e]	1.8903[e]				0,030	0,025									

a Para productos largos, el contenido en P y S puede ser un 0,005% superior

b Para aplicaciones ferroviarias, se puede acordar un contenido máximo de azufre de 0,012% en el pedido. Ver opción 32

c Si existen suficientes elementos fijadores de nitrógeno, no se aplica la limitación del Al total.

d Contenidos de Cu por encima de 0,45% pueden producir fragilidad durante el conformado en caliente.

e V + Nb + Ti ≤ 0,26% y Mo + Cr ≤ 0,38%

Tabla 2. Propiedades mecánicas a temperatura ambiente para aceros normalizados.

Designación según		Límite elástico de cedencia R_{eH} [a], en MPa para un espesor nominal del producto, en mm								Resistencia a la tracción R_m, [a] en MPa para un espesor nominal de producto, en mm			Porcentaje de alargamiento mínimo Tras la fractura, en % $L_o = 5,65\sqrt{S_o}$ Espesor nominal en mm					
EN 10027-1 y CR 10260	EN 10027-2	≤ 16	> 16 ≤ 40	> 40 ≤ 63	> 63 ≤ 80	> 80 ≤ 100	> 100 ≤ 150	> 150 ≤ 200	> 200 ≤ 250	≤ 100	> 100 ≤ 200	> 200 ≤ 250	≤ 16	> 16 ≤ 40	> 40 ≤ 63	> 63 ≤ 80	> 80 ≤ 200	> 200 ≤ 250
S275N S275NL	1.0490 1.0491	275	265	255	245	235	225	215	205	370 a 510	350 a 480	350 a 480	24	24	24	23	23	23
S355N S355NL	1.0545 1.0546	355	345	335	325	315	295	285	275	470 a 630	450 a 600	450 a 600	22	22	22	21	21	21
S420N S420NL	1.8902 1.8912	420	400	390	370	360	340	330	320	520 a 680	500 a 650	500 a 650	19	19	19	18	18	18
S460N S460NL	1.8901 1.8903	460	440	430	410	400	380	370	-	540 a 720	530 a 710	-	17	17	17	17	17	-

a Para chapas, bandas y planos de anchura ≥ 600 mm, aplica a la dirección perpendicular "t" a la de laminación. Para cualquier otro producto los valores aplican para la dirección paralela "l", a la de laminación.

b 1 MPa = 1 N/mm²

Tabla 3. Valores mínimos de la energía de rotura por flexión por choque sobre probetas longitudinales con entalladura en V para acero en estado normalizado.

Tabla 4. Valores mínimos de la energía de rotura por flexión por choque sobre probetas transversales con entalladura en V para acero en estado normalizado, cuando el ensayo por choque en probetas transversales haya sido acordado en el momento de hacer el pedido.

Dentro de los aceros estructurales, la norma europea EN-1993-1-1 [23], se recogen los valores de las propiedades mecánicas de dichos aceros a temperatura ambiente.

Por otro lado, en la norma europea EN-1993-1-2 [9], hay un apartado que hace referencia a la variación de las propiedades mecánicas con la temperatura, agrupándose como factores de reducción de la resistencia, el límite elástico y el módulo de elasticidad tal como se recoge en la tabla 5. Dichos factores [24] también se visualizan en la figura 5 en la que se puede apreciar como hasta los 400ºC la resistencia de los aceros prácticamente se mantiene constante. Entre 400 y 600ºC se produce una merma o reducción de la resistencia que puede ser superior al 50%, [25].

Tabla 5. Factores de reducción para la relación tensión-deformación del acero a elevada temperatura.

Tª acero (ºC)	Factores de reducción a una temperatura relativa de 20ºC		
	Para rendimiento efectivo de resistencia ky.θ = fy.θ / fy	Para limite proporcional kp.θ = fp.θ / fy	Para la pendiente en un rango lineal elástico kE.θ = Ea.θ / Ea
20	1,000	1,000	1,000
100	1,000	1,000	1,000
200	1,000	0,807	0,900
300	1,000	0,613	0,800
400	1,000	0,420	0,700
500	0,780	0,360	0,600
600	0,470	0,180	0,310
700	0,230	0,075	0,130
800	0,110	0,050	0,090
900	0,060	0,0375	0,0675
1000	0,040	0,025	0,045
1100	0,020	0,0125	0,0225
1200	0,000	0,000	0,000
Nota: Para valores intermedios de la temperatura del acero se puede usar una interpolación lineal			

Figura 5. Factores de reducción para la relación tensión-deformación del acero a elevada temperatura.

Por otra parte A. Valiente y colaboradores [26], han realizado un estudio de la ductilidad a temperatura elevada de los aceros estructurales tipo, S275, S460, habiendo realizado ensayos de tracción [27,28] para esos materiales a 300 y 500ºC en régimen isotérmico [29]. En la figura 6, se recogen los registros de los ensayos para el acero S460-NL y S460-N, en ambas figuras se puede observar una pérdida de la resistencia mecánica de los aceros al aumentar la temperatura, poniendo de manifiesto que la rotura de ambos aceros se produjo dúctilmente cosa que no ocurrió con el S275. También se analiza la disminución del límite elástico, de modo que dicha disminución lo hace bruscamente para el caso de los aceros tipo 460.

(a) (b)

Figuras 6. Curvas tensión-deformación del acero S-460-NL (a) y S-460-N (b), a las temperaturas de ensayo.

De dicho estudio y de los resultados obtenidos se pone de manifiesto el comportamiento dúctil de los aceros tipos 460 a 500°C, mientras que se tiene un comportamiento frágil para el acero 275 a dicha temperatura.

2.2 Acciones térmicas sobre los aceros estructurales

Para ello, habría que considerar la evolución de las propiedades de los aceros estructurales con la temperatura, según recoge la norma EN-1993-1-2 [9]. En primer lugar se considera la elongación de dichos aceros con la temperatura desde la ambiente hasta 1200°C. Como puede observarse en la figura 7, la elongación presenta una variación casi lineal con la temperatura hasta los 750°C, mantiene un valor constante de 0,011 entre 750 y 860°C y a partir de 860°C hasta los 1200°C presenta una variación totalmente lineal. En la Euronorma [9] se recogen las ecuaciones ajustadas para la predicción de la elongación de forma mecánica.

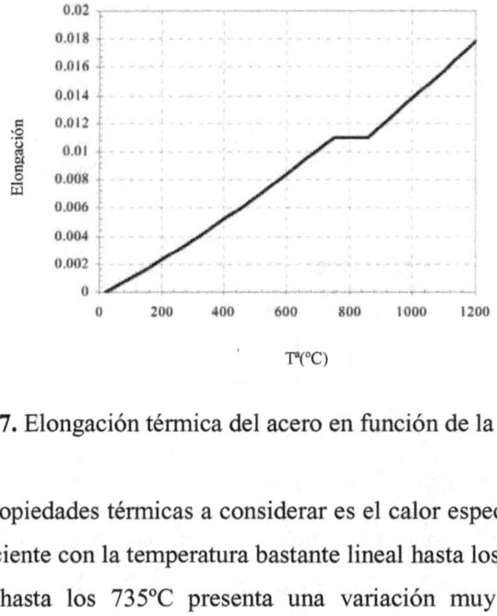

Figura 7. Elongación térmica del acero en función de la temperatura.

Otra de las propiedades térmicas a considerar es el calor específico que presenta una dependencia creciente con la temperatura bastante lineal hasta los 600°C, a partir de esta temperatura y hasta los 735°C presenta una variación muy brusca del calor específico decreciendo también muy bruscamente entre 735 y 900°C, manteniéndose a partir de este nivel constante e igual 650 J/kgK, ver figura 8. A la hora de obtener valores del calor específico del acero al carbono estructural, se han propuesto diferentes ecuaciones ajustadas con la temperatura para distintos intervalos tal como se indica en la ecuación 4, a, b, c y d.

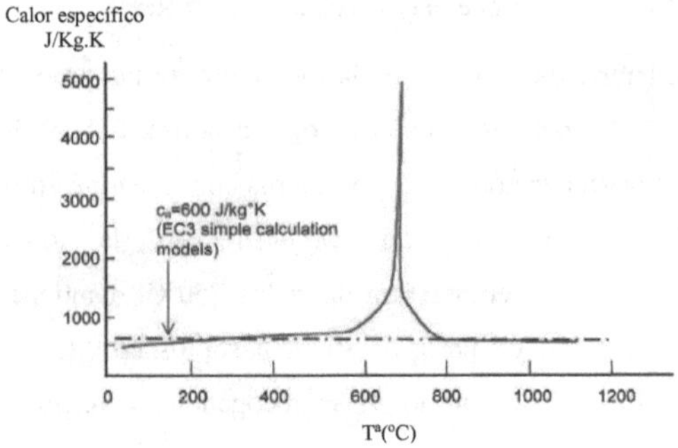

Figura 8. Variación del calor específico del acero con la temperatura.

$Cps = 425 + (0.733Tm - 1.69*10^{-3}Tm^2 + 2.22*10^{-6}Tm^3)$ J/kgK 4(b)
$20°C<Tm<600°C$

$Cps = 666 + 13002/(738\text{-}Tm)$ J/kgK 4(b)
$600°C<Tm<735°C$

$Cps = 545 + 17820/ (Tm - 731)$ J/kgK 4(c)
$735°C<Tm<900°C$

$Cps = 650$ J/kgK 4(d)
$900°C<Tm<1200°C$

Otra de las propiedades que también hay que considerar es la de la conductividad térmica que evoluciona desde los 54W/mK hasta un valor de 27.3W/mK a 800°C, manteniéndose constante a partir de esta temperatura en adelante. Entre 20 y 800°C la conductividad del acero estructural disminuye linealmente con la temperatura como se indica en la figura 9.

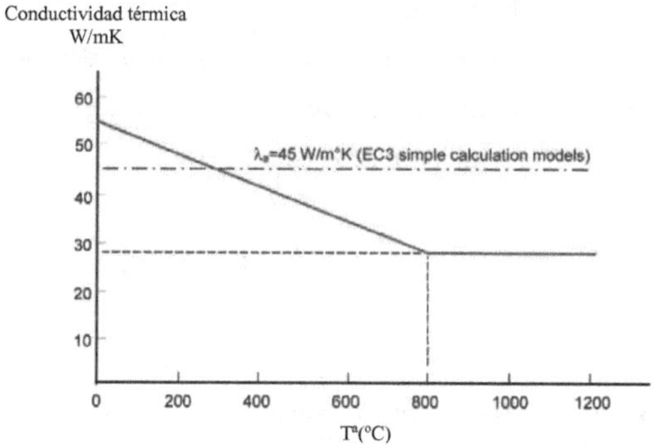

Figura 9. Variación de la conductividad térmica del acero con la temperatura.

Las acciones térmicas que hay que analizar para la descripción del flujo térmico tienen que ver con el flujo de calor que incide sobre la superficie de un acero estructural. El flujo neto de calor sobre un acero estructural considera el aporte tanto de la transmisión de calor por convección como por radiación.

El flujo de calor por convección viene dado por la ecuación 5 de acuerdo con la norma europea EN-1991-1-2 [8]. En dicha ecuación el coeficiente de calor por convección para la superficie en contacto con el fuego es igual a 25W/m^{2}K para el caso de utilizar en el ensayo una curva temperatura-tiempo de fuego exterior o la curva estándar ISO, por el contrario, si se utilizara la curva de hidrocarburos, el coeficiente de calor por convección debe aumentarse a 50W/m^{2}K.

$$q_c = h_c * \Delta T \qquad (W/m^2) \quad (5)$$

El coeficiente de calor por convección de la superficie que no ve el fuego, se mantiene constante a 4W/m^2 K aunque puede incrementarse hasta un valor de 9W/m^{2}K cuando se incluyen los efectos combinados de la transmisión de calor por radiación y convección.

El flujo de calor por radiación entre la llama y la superficie que lo recibe viene dado por la ecuación 6, en donde ha de evaluarse el factor de forma de acuerdo con el anexo G de dicha norma. Cuando la llama ve totalmente a la superficie del acero estructural que recibe el flujo de calor el factor de forma es igual a la unidad. En dicha ecuación hay también que introducir los valores de la emisividad del foco y de la superficie que recibe el flujo de calor. Suele ser práctica habitual tomar como emisividad del fuego la unidad y un valor promedio de 0.8 para la superficie que recibe el calor.

$$q_r = \varnothing\ \varepsilon_m\ \varepsilon_f\ \sigma\ [(T_f + 273)^4 - (T_s + 273)^4] \quad (W/m^2) \quad (6)$$

2.3 Deducción de los perfiles de temperatura de los aceros estructurales

La norma EN-1993-1-2 [9] indica tanto para los aceros estructurales desnudos como los aceros estructurales con protección térmica, un método sencillo para la obtención del perfil de temperatura [30,31] con el tiempo para cuando los aceros presentan una resistencia térmica prácticamente nula lo que presupone un perfil horizontal de la temperatura en el interior del acero [32,33]. Estos supuestos dan por hecho que el acero estructural está sometido a un fuego envolvente, que la resistencia térmica que ofrece el acero es pequeña, lo que sucede cuando el espesor del perfil son unos pocos milímetros y cuando la temperatura de la llama es superior a 600ºC lo que supone que el transporte por radiación es muy superior al transporte convectivo [34].

Realizando un balance de energía a un elemento estructural de volumen V y una sección exterior de transmisión de calor igual A, se tiene la ecuación 7.

$$V\ \rho_s\ c_p\ \Delta T_s/\Delta t = h_{(r+c)}\ A(T_f - T_s) \quad (7)$$

Reagrupando los términos se puede despejar la variación de la temperatura para intervalos de tiempos definidos, por lo que la ecuación finalmente sería la ecuación 8, esta ecuación es básica para montar una hoja de datos iterativa en la que los intervalos de tiempo tienen que ser pequeños ya que en la expresión (8) aparecen la conductividad y el calor específico del acero y ambos son función de la temperatura. La variación es más acusada para el calor específico del acero cuando las temperaturas son próximas a la temperatura de transición Ac_1.

$$\Delta Ts = h_{(r+c)}/\ \rho_s\ c_p\ (A/V)\ (T_f - T_s)\ \Delta t \quad (8)$$

Donde $h_{(r+c)}$ se expresará como

$$h_{(r+c)} = 25 + \sigma\, \varepsilon\, [(T_f - T_s)^4 / (T_f - T_s)] \qquad (9)$$

$$\sigma = \text{cte de Boltzman } 5.67.10^{-8}\ W/m^2K^4$$

En esta ecuación, se puede comprobar que independientemente que los coeficientes de transporte y de las propiedades, ambas variables son función de la temperatura, también aparece un término geométrico como es la masividad (A/V) del material estructural, por lo que independientemente de campo de temperatura obtenido en un fuego, la masividad es un parámetro que modifica el perfil de temperatura que se obtiene, ya que a medida que aumenta la masividad de la estructura, se tendrá un alejamiento del nivel térmico del material frente a la curva de fuego.

La forma de proceder para deducir el perfil de temperatura de la estructura, sería mediante una hoja de cálculo en la que se tomará un intervalo de tiempo determinado, el acero estructural estará inicialmente a la temperatura T_{So}, el horno emitiría calor a una temperatura promedio T_f que es la que corresponde a la temperatura de fuego seleccionada para la mitad de intervalo de tiempo. A continuación, se dispondrá de la diferencia de temperatura entre el fuego y la superficie del cuerpo, se evaluará a continuación el coeficiente combinado de convección más radiación dando la ecuación 9 y se determinará el salto de las temperaturas en el acero estructural por medio de la ecuación 8. A continuación se vuelve a introducir un nuevo intervalo de tiempo y se procede de forma análoga, tal como se indica en la tabla siguiente.

Tabla 5. Tabal para el cálculo de transferencia de calor en piezas de acero no protegido.

Tiempo	**T^{a}acero T_s**	**T^{a}fuego T_f**	**T_f-T_s**	**h_t**	**ΔT_s**
$t_1 = \Delta t$	T_{so}, T^{a}inicial del acero	T^a del fuego a $\Delta t/2$	$T_f - T_{so}$	Ecuación 9 con T_s y T_f	Ecuación 8
$t_2 = t_1 + \Delta t$	$T_s + \Delta T_s$ anterior	T^a del fuefo a $t_1 + \Delta t/2$	$T_f - T_s$	Ecuación 9 con T_s y T_f	Ecuación 8
etc	etc	etc	etc	Etc	etc

La norma europea indicada propone utilizar un valor de la emisividad para evaluar el coeficiente de radiación mas convección de 0,5, no obstante, hay otros autores como Kay [35], que proponen un valor de la emisividad de 0,8 o Wong [36], que propone una variación de la emisividad con la temperatura según la ecuación 10,

$$\varepsilon_{eq} = a + bTs + cTs^2 + dTs^3 + eTs^4 \qquad (10)$$

Donde

$a = 0.4050$, $b = -0.0003909$, $c = 1.235.10^{-6}$, $d = -2.421.10^{-9}$ y $e = 1.3968.10^{-12}$

La obtención del perfil de temperaturas que se deducirá depende del fenómeno de transmisión de calor entre el foco y la superficie [37], en donde las ecuaciones utilizadas en la transmisión de calor por radiación, hay diferentes parámetros de difícil determinación como son los factores de visión, las emisividades del foco y de la superficie. El coeficiente de transmisión de calor por convección tampoco permanece constante con la temperatura como indica la Euronorma. Finalmente está la transmisión de calor en el interior del acero estructural en donde la emisividad del mismo no permanece constante con la temperatura. Si además se tiene en cuenta que hay que considerar la transmisión de calor en régimen no estacionario se tiene que la ecuación de transporte a resolver no tiene solución analítica, por lo que tiene que hacerse mediante técnicas de incrementos finitos utilizando un ordenador. La ecuación de transporte teniendo en cuenta coordenadas cartesianas es la siguiente [14].

$$\partial/\partial x\,(K(T)\partial T/\partial x) + \partial/\partial y\,(K(T)\partial T/\partial y) + \partial/\partial z\,(K(T)\partial T/\partial z) + h_{(r+c)} = \rho_s(T)\,\partial T/\partial t \qquad (11)$$

Por todo ello, se estima el interés de obtener por vía experimental los perfiles de temperaturas en los aceros estructurales, siguiendo una curva de fuego seleccionada con objeto de poder comprobar la bondad de todos los supuestos, que se hacen en la normativa referente a los ensayos bajo fuego de materiales tal como se han indicado anteriormente.

Para la presentación de los procedimientos y técnicas experimentales seguidas, se ha considerado en primer lugar, hacer una presentación de los materiales ensayados para a continuación abordar las técnicas utilizadas en la caracterización metalográfica, así como en los ensayos mecánicos realizados. Finalmente se presentan los criterios empleados en el diseño y función del horno piloto construido y durante la realización de las pruebas experimentales.

NOMENCLATURA

A	área del objeto (m^2)
C_p	calor específico (J/kgK)
$h_{(r+c)}$	coeficiente radiación más convección (W/m^2K)
h_c	coeficiente de convección (W/m^2K)
q_c	flujo de calor por convección (W/m^2)
q_r	flujo de calor por radiación (W/m^2)
T	temperatura (ºC)
T_f	temperatura del foco (ºC)
T_s	temperatura de la superficie del objeto (ºC)
ΔT	variación de temperatura (ºC)
Δt	variación de tiempo (s)
V	volumen del objeto (m^3)
σ	cte de Boltzman ($5.67.10^{-8}$ W/m^2K^4)
ε_{eq}	emisividad promedio, $\varepsilon_{eq} = \varepsilon_m \varepsilon_f$ (-)
ε_f	emisividad del foco (-)
ε_m	emisividad del objeto (-)
Ø	factor de configuración según el fuego (fuego envolvente, Ø=1)
ρ_s	densidad del acero (Kg/m^3)

PARTE III

PROCEDIMIENTO Y TÉCNICAS EXPERIMENTALES

3. PROCEDIMIENTO Y TÉCNICAS EXPERIMENTALES

3.1 Materiales ensayados: Aceros al carbono S-355-NL, S-460-NL y S-460-N

Para llevar a cabo el trabajo experimental del presente trabajo se utilizaron probetas de 200x100x20 mm de los aceros al carbono tipo S-355-NL, S-460-NL y S-460-N suministrados por la compañía Materiales Siderúrgicos S.A. La composición química de los tres aceros se realizó en el laboratorio de rayos X (área de fluorescencia y emisión) del CENIM, por el método de emisión por chispa y se detalla a continuación en la tabla siguiente.

Tabla 6. Composición química de los aceros al carbón.

PARÁMETRO / MUESTRA	C (%)	Si (%)	Mn (%)	P (%)	S (%)	Cr (%)	Ni (%)	Mo (%)	Al (%)	Cu (%)	Co (%)	Fe (%)
S-355-NL	0,169	0,310	1,140	0,018	0,006	0,046	0,244	0,008	0,040	0,216	0,019	97,7
S-460-NL	0,127	0,286	1,40	0,019	0,006	0,029	0,510	0.008	0,028	0,013	0,018	97,3
S-460-N	0,087	0,301	1,270	0,017	0,005	0,026	0,053	0,010	0,044	0,015	0,015	98,0

Cada uno de los elementos encontrados aporta propiedades a los aceros, a continuación, se menciona el aporte de alguno de estos elementos a las propiedades de la aleación:

- El contenido de carbono no supera el 0.2%, tal y como especifica la norma UNE-EN 10025-3 en los aceros de construcción
- El silicio aumenta moderadamente la templabilidad. Se usa como elemento desoxidante.
- El manganeso aparece prácticamente en todos los aceros, debido principalmente, a que se añade como elemento de adición para neutralizar la perniciosa influencia del azufre y del oxigeno, que siempre suelen contener los aceros cuando se encuentran en estado líquido en los hornos durante los procesos de fabricación. El manganeso actúa también como desoxidante y evita, en parte, que en la solidificación del acero que se desprendan gases que den lugar a

porosidades perjudiciales en el material. Si los aceros no tuvieran manganeso, no se podrían laminar ni forjar, porque el azufre que suele encontrarse en mayor o menor cantidad en los aceros, formarían sulfuros de hierro, que son cuerpos de muy bajo punto de fusión (981 °C aproximadamente) que a las temperaturas de trabajo en caliente (forja o laminación) funden, y al encontrarse contorneando los granos de acero crean zonas de debilidad y las piezas y barras se abrirían en las operaciones de transformación.

- El límite máximo aproximado de fósforo es de 0,04%. El fósforo resulta perjudicial, ya sea al disolverse en la ferrita, pues disminuye la ductilidad, como también por formar FeP (fosfuro de hierro). El fosfuro de hierro, junto con la austenita y la cementita, forma un eutéctico ternario denominado *esteadita*, que es sumamente frágil y posee un punto de fusión relativamente bajo, por lo cual aparece en los bordes de grano, transmitiéndole al material su fragilidad.

  Aunque se considera un elemento perjudicial en los aceros, porque reduce la ductilidad y la tenacidad, haciéndolo quebradizo, a veces se agrega para aumentar la resistencia a la tensión y mejorar la maquinabilidad.

- El límite máximo aproximado del azufre es de 0,04%. El azufre con el hierro forma sulfuro, que conjuntamente con la austenita, da lugar a un eutéctico cuyo punto de fusión es bajo y que, por lo tanto, aparece en los bordes de grano. Cuando los lingotes de acero colado deben ser laminados en caliente, dicho eutéctico se encuentra en estado líquido, lo que provoca el desgranamiento del material.

  Se controla la presencia de sulfuro mediante el agregado de manganeso. El manganeso tiene mayor afinidad por el azufre que el hierro por lo que en lugar de FeS se forma MnS que tiene un alto punto de fusión y unas buenas propiedades plásticas. El contenido de Mn debe ser aproximadamente cinco veces la concentración de S para que se produzca la reacción.

  Aunque se considera un elemento perjudicial, su presencia es positiva para mejorar la maquinabilidad en los procesos de mecanizado. Cuando el porcentaje de azufre es alto puede causar poros en la soldadura.

- El cromo es uno de los elementos especiales más empleados para la fabricación de aceros aleados, usándose indistintamente en los aceros de construcción, en los de herramientas, en los inoxidables y los de resistencia en caliente. Se emplea en cantidades diversas desde 0,30% a 30%, según los casos y sirve para aumentar la dureza y la resistencia a la tracción de los aceros, mejora la templabilidad, impide las deformaciones en el temple, aumenta la resistencia al desgaste, la inoxidabilidad (con concentraciones superiores al 12%), etc. Forma carburos muy duros y comunica al acero mayor dureza, resistencia y tenacidad a cualquier temperatura.

- El níquel evita el crecimiento del grano en los tratamientos térmicos, lo que sirve para producir en ellos gran tenacidad. El níquel además hace descender los puntos críticos y por ello los tratamientos pueden hacerse a temperaturas ligeramente más bajas que la que corresponde a los aceros ordinarios. Experimentalmente se observa que con los aceros aleados con níquel se obtiene para una misma dureza, un límite de elasticidad ligeramente más elevado y mayores alargamientos y resistencias que con los aceros al carbono o de baja aleación. En la actualidad se ha restringido mucho su empleo, pero sigue siendo un elemento de aleación indiscutible para los aceros de construcción empleados en la fabricación de piezas para máquinas y motores de gran responsabilidad, se destacan sobre todo en los aceros cromo-níquel y cromo-níquel-molibdeno. Es el principal formador de austenita, que aumenta la tenacidad y resistencia al impacto.

- El molibdeno es un elemento habitual del acero y aumenta mucho la profundidad de endurecimiento de acero, así como su tenacidad.

- El aluminio como desoxidante se suele emplear frecuentemente en la fabricación de muchos aceros. Todos los aceros aleados en calidad contienen aluminio en porcentajes pequeñísimos.

- El cobalto es muy endurecedor. Disminuye la templabilidad. Mejora la dureza en caliente. Es un elemento poco habitual en los aceros. Aumenta las propiedades magnéticas de los aceros

3.2 Caracterización metalográfica

Para caracterización metalográfica de los tres aceros estudiados, se escogieron unas muestras representativas de cada uno y posteriormente se prepararon metalográficamente.

La preparación consistió, primero en cortar de cada uno de los aceros dos secciones diferentes, una transversal y otra longitudinal, a partir de las probetas 200x100x10 mm, de un tamaño en torno a 20x9 mm para ser embutidas en una resina de cobre conductora. Posteriormente se desbastaron usando piezas de papel de lija con abrasivo de carburo de silicio, empezando por una granulometría de 240, luego se utilizaron la de 400, 600 y por último la de 1000. Para otras piezas se realizó un desbaste automático con disco de diamante (dando un resultado similar). A continuación, se llevó a cabo un pulido automático de la muestra utilizando paños y alúmina de 1 y 0.3 µm en húmedo y durante el tiempo necesario hasta el pulido óptimo de la muestra. Por último, se lavaron las muestras con etanol y posteriormente en un baño de ultrasonidos durante 5 minutos, también en etanol.

Con el fin de revelar la estructura de cada uno de los aceros se realiza un ataque químico durante 40 segundos con el reactivo de ataque (NITAL al 2%), 8 ml de ácido nítrico al 60-62% de concentración y alcohol etílico al 99,5% hasta un volumen final de 250ml.

Tras el revelado de las estructuras se llevaron al microscopio óptico (MO) y microscopio electrónico de barrido (MEB), con objeto de proceder a su caracterización.

También se determinó el tamaño de grano que se calculó utilizando el método de intercepción lineal o método de Heyn. Este método consiste en estimar el tamaño de los granos contando el número de granos interceptados por varias líneas rectas (mínimo tres), tanto de norte a sur como de este a oeste. Para que se considere una medida representativa se tienen que contar al menos 50 granos tanto en una dirección como en la otra. Cada grano atravesado por la línea se cuenta como uno, mientras que aquellos que no son cortados, pero si tocados por el extremo de la recta se cuenta como medio grano. Luego se divide el tamaño de la recta en micrómetros entre el número de granos interceptados por ella el resultado será el valor promedio de los granos.

3.3 Ensayos mecánicos

Unos de los ensayos mecánicos realizados sobre las muestras de los aceros elegidos para estudio, fue la medida de las durezas, tanto en estado inicial, como tras el ensayo a alta temperatura. Para ello se utilizó un durómetro Centauro RB2 que cuantifica la dureza, en este caso dureza Rockwell, que se basa en la diferencia de penetración de un indentador cuando se le aplica una precarga de 10kg. La medida se efectúa tras retirar la carga de ensayo previamente aplicada mientras sigue la precarga de 10kg.

El indentador utilizado fue de bola de acero duro de 1/16 pulgadas y la carga de 100Kg dando así una medida de dureza Rockwell B.

3.4 Diseño y operación del horno piloto

Según norma (**UNE-EN 1363-1:1999**), los equipos utilizados para llevar a cabo los ensayos de fuego serán:

1. Un horno diseñado para someter a las muestras a las condiciones de ensayo diseñado para la utilización de combustibles líquido y gaseosos y que sea capaz de someter a calentamiento por distintas caras a elementos de separación verticales u horizontales, vigas, paredes, pilares.

2. Un equipo de control para mantener la temperatura del horno y un equipo para la medida de temperaturas del horno y de las caras de la pieza. Los elementos que indican la temperatura, tanto del horno como de las caras de la probeta serán termopares cromen/alumen tipo K calibrados, definidos en la Norma IEC 584-1.

3. Un equipo para controlar y monitorizar los gases del horno, un bastidor en el que el conjunto de ensayo se acople al horno para cumplir las condiciones definidas, y en el caso de que se aplique una carga, un equipo para desarrollar las condiciones de dicha carga y un equipo para medir la flexión producida por la carga

Dado que los materiales a ensayar son aceros al carbono y como tales no se queman, no tiene sentido utilizar hornos de quemado de combustibles. El objetivo es obtener los campos de temperaturas de los aceros ensayados, por lo que susutituye la generación de calor por quemado de combustible por un horno de generación de calor de tipo eléctrico

Para la realización de los ensayos de fuego de los diferentes aceros previstos, según nuestra línea de investigación, S-355-NL, S-460-NL y S-460-N, se diseñó y construyó un horno de volumen reducido para no tener inercia convectiva y que funcionara principalmente por radiación térmica, proporcionado por las resistencias eléctricas instaladas.

Dicho horno va provisto de un sistema operativo tipo DataLoga que puede ser programado con valores de temperatura y las velocidades de calefacción de forma que sea capaz de generar un registro continuo de temperaturas controlado por un software de ordenador. Por otro lado, la parte en donde se ensayarán las probetas está compuesto por una caja de material refractario atravesada por la parte posterior por unos termopares que medirán la temperatura interna de la probeta, unas resistencias internas que calentarán el horno y una puerta formada por las propias probetas de los ensayos. Por la parte externa, un conjunto de termopares dispuestos sobre un bastidor que los sujeta y los fija a la probeta en los puntos indicados, registrarán las temperaturas exteriores. En las figuras 10 y 11, se presenta un esquema que permite seguir la descripción realizada y la figura 12 muestra una fotografía real del horno.

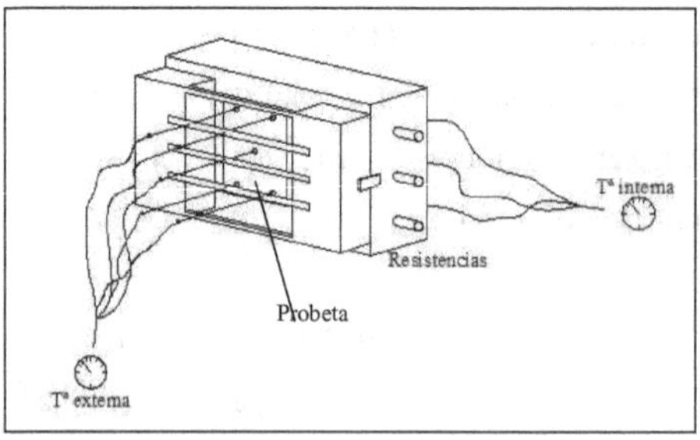

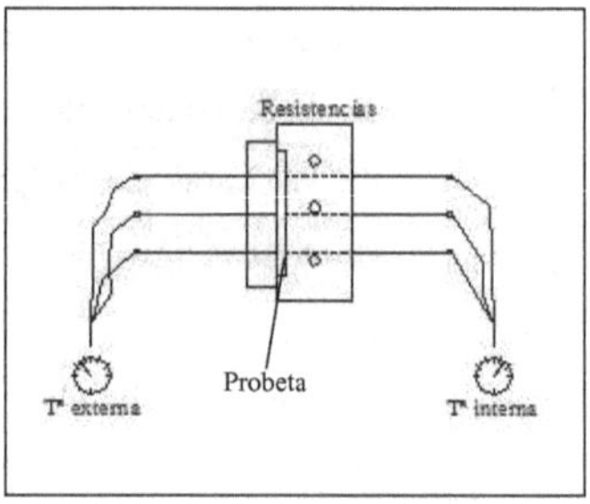

Figuras 10 y 11. Esquema del horno

Figura 12. Fotografía real del horno

El horno fue programado para reproducir dos tipos de fuegos diferentes, definidos por las curvas ISO estándar, ecuación 1 y la curva de fuego externa, ecuación 3.

Para cada tipo de curva utilizada, fue necesario programar los diferentes perfiles de tiempo-temperatura, generando registros para cada una de ellas tal y como se representa en las figuras siguientes, pudiéndose observar que las temperaturas programadas según norma y las conseguidas en el ambiente del horno son coincidentes.

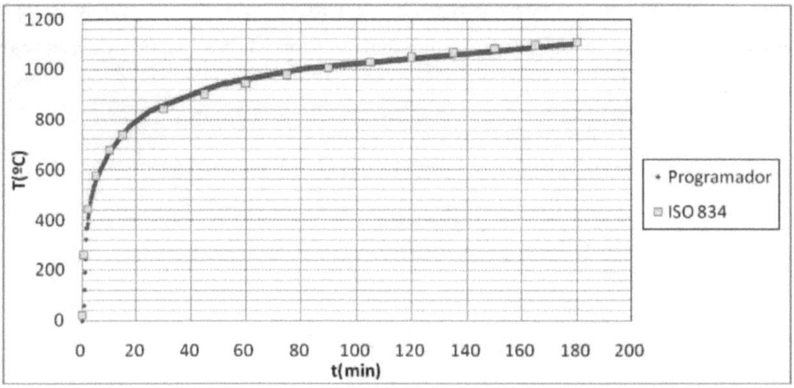

Figura 13. Registro de temperaturas del horno según un fuego ISO 834.

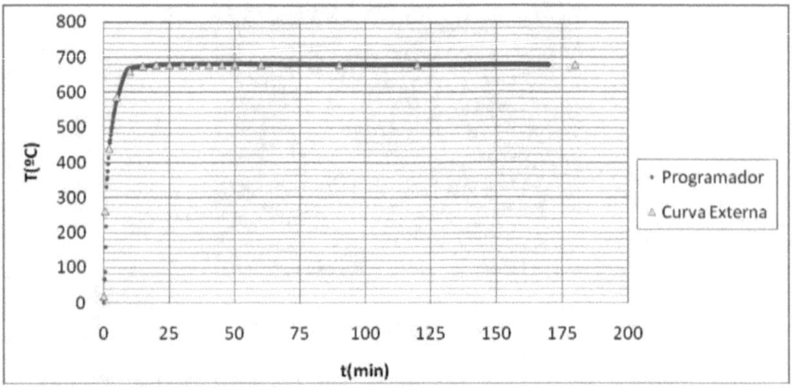

Figura 14. Registro de temperaturas del horno según un fuego tipo curva externa.

La figura 13, muestra la curva normalizada tiempo-temperatura teórica y la registrada por el horno. La curva tiene forma logarítmica superando la temperatura de transformación austenítica de 723ºC y alcanzando un máximo de 1110ºC a 3 horas de exposición.

La curva de fuego exterior se representa en la figura 14, tanto la teórica como la registrada por el horno; y como en el caso anterior, también son coincidentes, esto determina que el horno reproduce perfectamnete ambas curvas. En este caso la curva es asintótica a partir de los 680ºC por lo que no se alcanza la temperatura de transición austenítica.

PARTE IV

RESULTADOS Y DISCUSIÓN

4 RESULTADOS Y DISCUSIÓN

En este apartado, se presentan los resultados obtenidos en el trabajo experimental junto a la discusión que se hace de los mismos. En primer lugar, se presenta una discusión de las microestructuras de los aceros de partida, para a continuación mostrar los datos de las medidas de dureza de los mismos. Seguidamente, un apartado de interés, es el que describe los perfiles tiempo temperatura obtenidos durante las pruebas de fuego, donde se describe el horno piloto diseñado, que posteriormente se construyó y se puso en operación después de su puesta a punto. A continuación, se presenta y analiza el modelo de transmisión de calor que se utiliza para la determinación de los perfiles de temperatura en los aceros. Por último, se finaliza con la presentación y discusión de las microestructuras de los aceros ensayados y las durezas de los mismos después de someterlos a las curvas de fuego.

4.4 Microestrura del material de partida

En las figuras 15, 16 y 17, se muestran las micrografías obtenidas mediante microscopía óptica de los distintos aceros con los que se trabajó. Se observa que la microestructura de las muestras de partida está constituida por granos equiaxiales de ferrita, característicos de un recristalizado, cuyo tamaño promedio en el caso del acero S-355-NL fue de 10μm, en el S-460-NL fue de 6μm y en el S-460-N fue de 5μm, y que se determinaron como se indicó anteriormente usando el método de intercepción lineal o de Heyn.

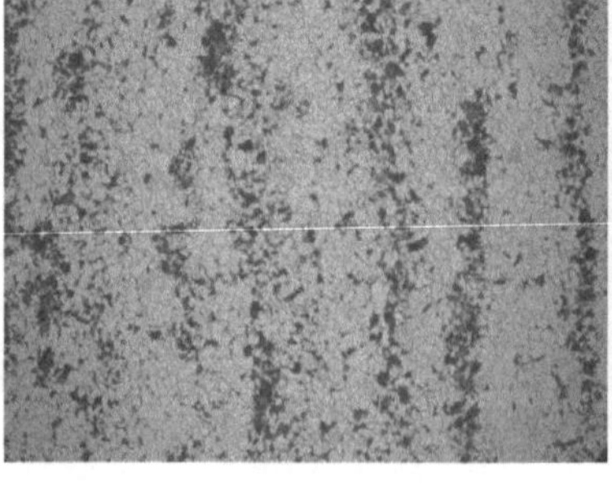

(a)

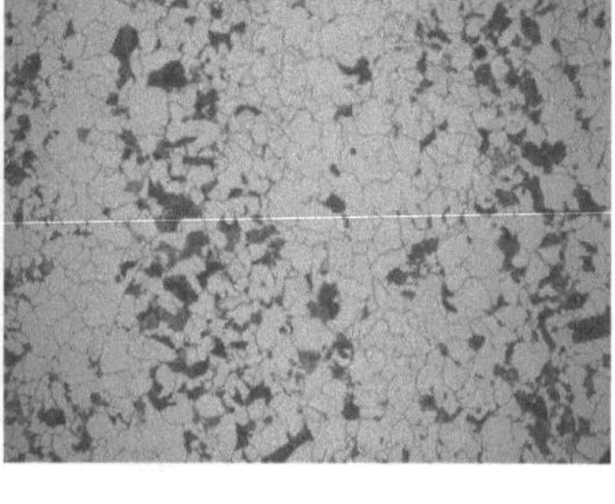

(b)

Figura 15. Micrografía obtenida por MO del acero S-355-NL: (a) 200x, (b) 500x.

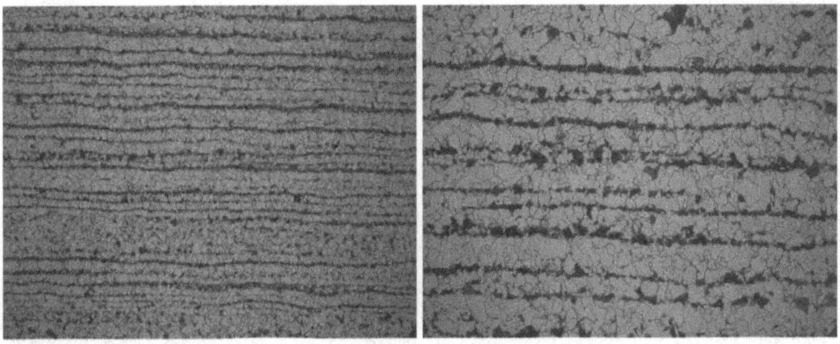

(a) (b)

Figura 16. Micrografía obtenida por MO del acero S-460-NL: (a) 200x, (b) 500x.

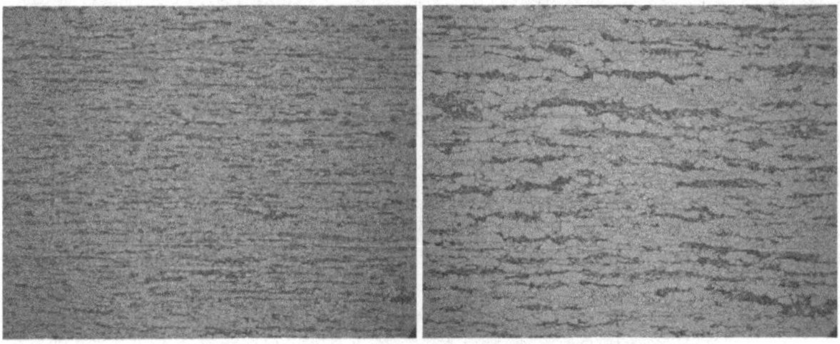

(a) **(b)**

Figura 17. Micrografía obtenida por MO del acero S-460-N: (a) 200x, (b) 500x.

También como se puede observar, los aceros S-355-N y S-460-NL presentan una distribución en bandas unidireccionales según la dirección de corte de las probetas, constituidas por perlita fina (bandas oscuras), formada por ferrita y cementita (Fe_3C), y ferrita (bandas claras). El acero S-460-N tiene la misma estructura en bandas de ferrita y perlita pero se observa que a parte de la perlita hay zonas de bainita acicular (banda oscura).

Las siguientes micrografías obtenidas por microscopio electrónico de barrido resuelven las colonias de perlita para cada uno de los aceros. En este caso se observa una perlita fina en bandas, donde las zonas claras son cementita y las bandas oscuras ferrita.

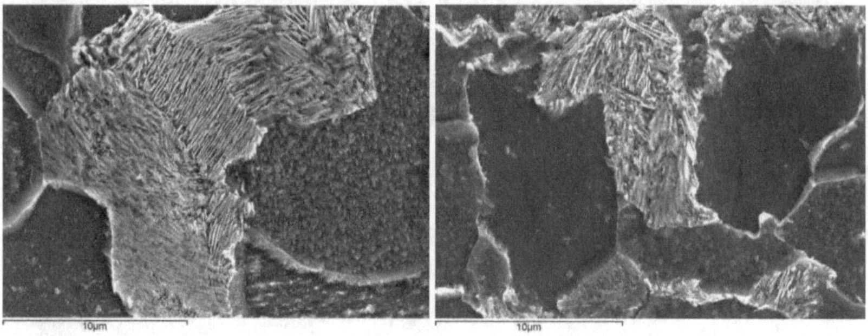

(a) **(b)**

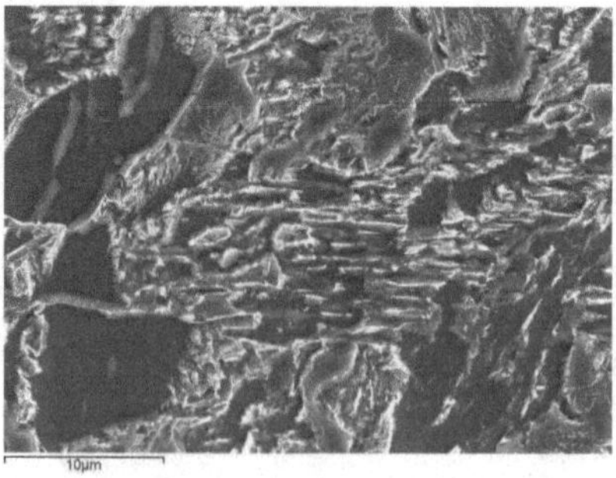

(c)

Figura 18. Micrografías de la perlita de los aceros (a) S-355-NL a 5000x, (b) S-460-NL a 5000x y (c) S-460-N a 3000x, obtenidas por MEB.

4.5 Ensayos de dureza del material de partida

Tal y como se comentó anteriormente, se midió dureza Rockwell B de cada uno de los aceros antes de someterlos al ensayo de las curvas de fuego, mediante un durómetro Centauro RB2, generando los resultados que se muestran en la siguiente tabla.

Tabla 7. Durezas de los materiales de partida.

MATERIAL INICIAL	DUREZA ROCWELL, HRB(Kg/mm2)
S-355 NL	81,6
S-460 NL	85,6
S-460 N	88,8

A la vista de los resultados se puede deducir que los aceros de tipo S-460-NL presentan una dureza ligeramente superior al acero S-355-NL, siendo el acero S-460-N el que presenta una mayor resistencia a la penetración.

4.6 Ensayos bajo curvas de fuego

El objetivo de este tipo de ensayo es obtener los campos de las temperaturas en los aceros ensayados tanto en la cara expuesta al fuego como en la cara en contacto con el ambiente, para lo que es preciso obtener un registro temperatura-tiempo en diferentes puntos de las superficies de las probetas, junto al registro de la temperatura en el ambiente del horno con objeto de comprobar si se ajusta a la curva de fuego seleccionada según la normativa existente. Un registro de puntos diferentes seleccionados en la probeta, permite obtener los posibles gradientes de temperatura en ambas caras de las probetas ensayadas. Para la medida de la temperatura del material ensayado se utilizan termopares cromen alumen tipo K, calibrados.

Los puntos de la probeta donde se sitúan los termopares sobre la superficie de las probetas de acero para la medida de las temperaturas se muestran en la figura 19 sobre puntos en color verde. Los puntos 1, 3, 7, 9, 2, 4, 8 y 10 forman un polígono donde las caras superiores e inferiores miden 2,3 cm y de las caras laterales 3,5 cm. En el caso del polígono que forma el punto 5, las caras superior e inferior miden 5,5 cm y las caras laterales 9,5 cm y el polígono que forma el punto 6 tiene unas medidas de 2 cm de caras superior e inferior y 12 cm de caras laterales. El punto rojo indica el punto donde se situó el termopar que registrará la temperatura interna del horno y que estaba separado de la superficie de la probeta 4 cm.

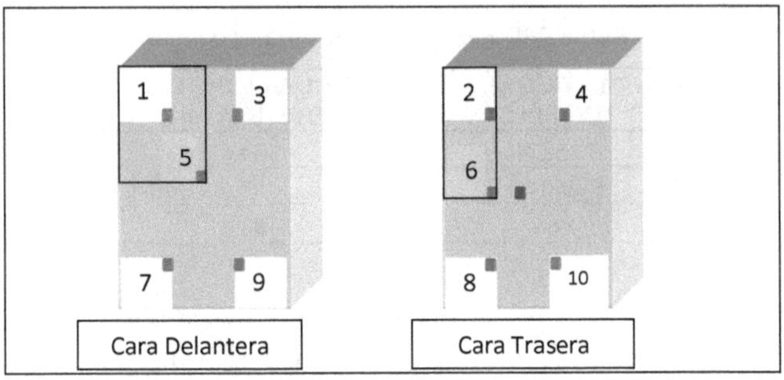

Figura 19. Situación de los puntos de medida de temperatura

En las figuras siguientes se presentan los perfiles de temperatura registrados durante el funcionamiento del horno bajo un fuego estándar definido por la curva ISO 834, ecuación 1, cuando se ensayaron las probetas de los aceros, S-355-NL, S-460-NL y S-460-N. Puede comprobarse la buena concordancia entre la curva de fuego programada y la correspondiente al modelo dado por la norma.

En cada una de las curvas se incluyen también las temperaturas medidas por los termopares en los puntos indicados anteriormente sobre las superficies de las probetas.

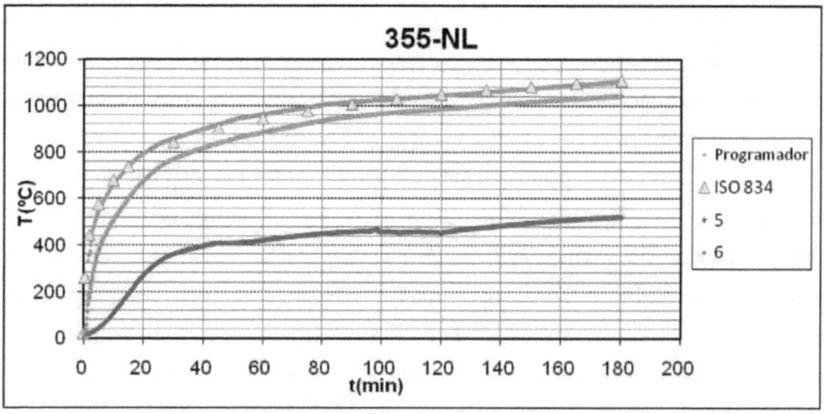

Figura 20. Registro de temperaturas en la probeta de acero S-355-NL en los puntos 5 y 6 sometido a un fuego estándar bajo curva ISO 834.

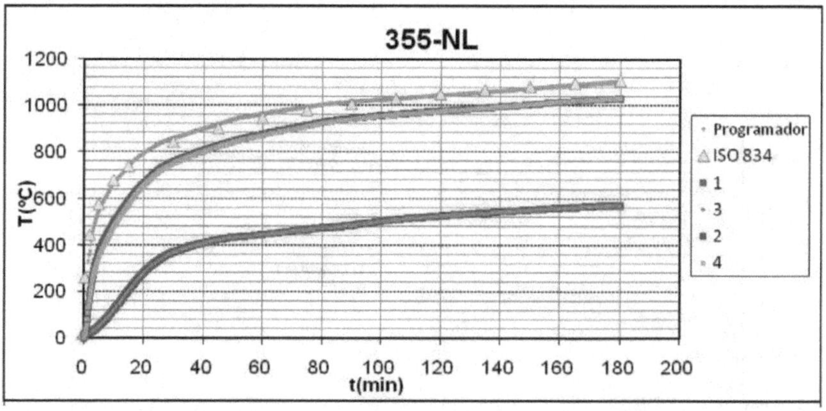

Figura 21. Registro de temperaturas en la probeta de acero S-355-NL en los puntos 1, 3, 2 y 4 sometido a un fuego estándar bajo curva ISO 834.

En la figura 20 se representan los perfiles de las temperaturas de las caras internas y externas del acero S-355-NL, junto al perfil de la temperatura del ambiente del horno y los valores de la temperatura previstos de la curva ISO. Puede observarse una rápida subida de las temperaturas de las caras interna y externa durante los 40 primeros minutos estabilizandose a continuación para terminar con una variación casi lineal de la temperatura. También se observa una diferencia casi constante entre las temperaturas de la cara interna y externa del acero a partir de los 80 minutos, por lo que se podría indicar que bajo el punto de vista del flujo de calor se ha llegado a un régimen pseudo estacionario.

En la figura 21, se han registrado los perfiles de las temperaturas de las caras interna y externa de la probeta de acero de la parte superior, observando la no desviación de las temperaturas en la posición medida. Ambos perfiles son coincidentes con los de la figura 20. Análoga situación se presenta en la figura 22 para las temperaturas de las caras interna y externa, pero en la parte inferior de la probeta, en donde se observa como en la cara externa empieza a haber una desviación entre ambos puntos a partir de los 40 minutos de ensayo, que puede llegar a suponer una diferencia de unos cuarenta grados centigrados. Ello se puede deber a la forma de inicio de la corriente convectiva sobre la vaina del termopar. No obstante dicha diferencia no es significativa, frente a las temperaturas que se regístran, que están comprendidas entre 500 y 600ºC.

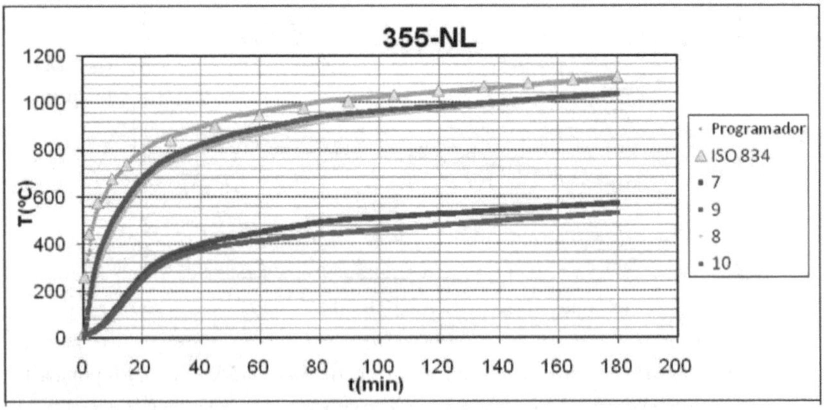

Figura 22. Registro de temperaturas en la probeta de acero S-355-NL en los puntos 7, 9, 8 y 10 sometido a un fuego estándar bajo curva ISO 834.

Una situación totalmente paralela se observa en las figuras siguientes, en las que las figuras 23, 24 y 25 se corresponden al acero S-460-NL y las 26, 27 y 28, al acero S-460-N. En este último caso, también se han incluido las curvas de enfriamiento de las probetas de acero una vez finalizado el ensayo de fuego y apagado el horno. El enfriamiento se realizó por convección natural tanto en la cara interna como en la cara externa.

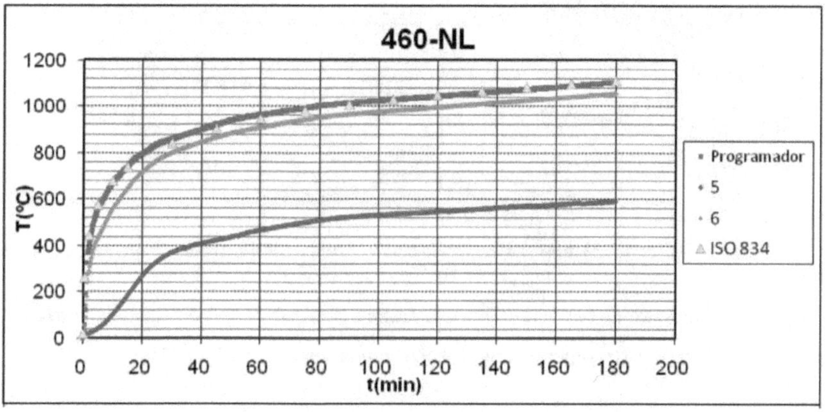

Figura 23. Registro de temperaturas en la probeta de acero S-460-NL en los puntos 5 y 6 sometido a un fuego estándar bajo curva ISO 834.

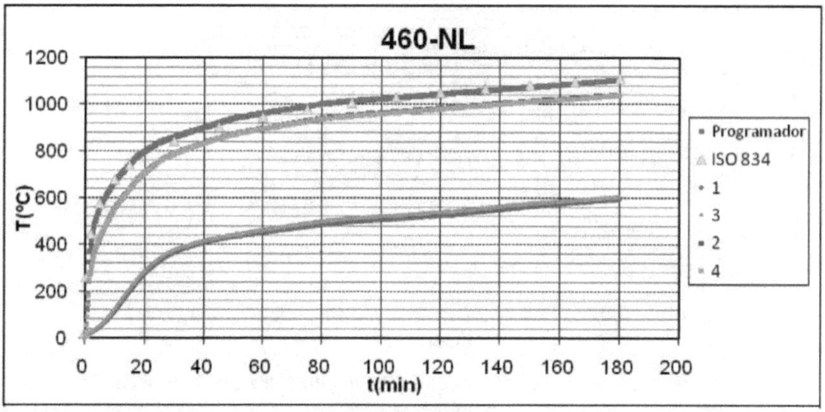

Figura 24. Registro de temperaturas en la probeta de acero S-460-NL en los puntos 1, 3, 2 y 4 sometido a un fuego estándar bajo curva ISO 834.

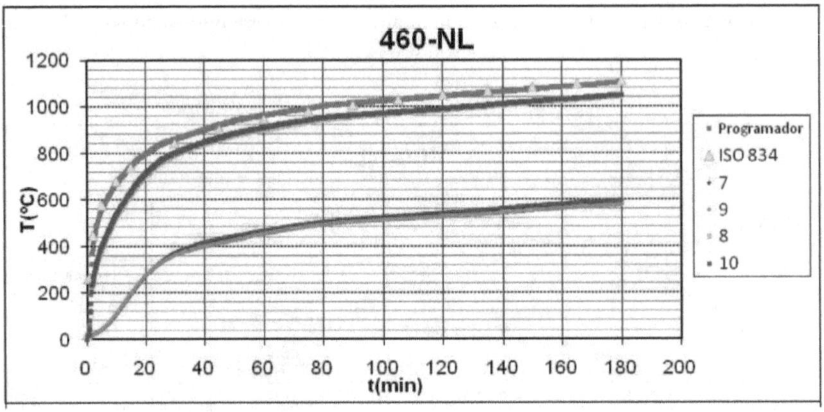

Figura 25. Registro de temperaturas en la probeta de acero S-460-NL en los puntos 7, 9, 8 y 10 sometido a un fuego estándar bajo curva ISO 834.

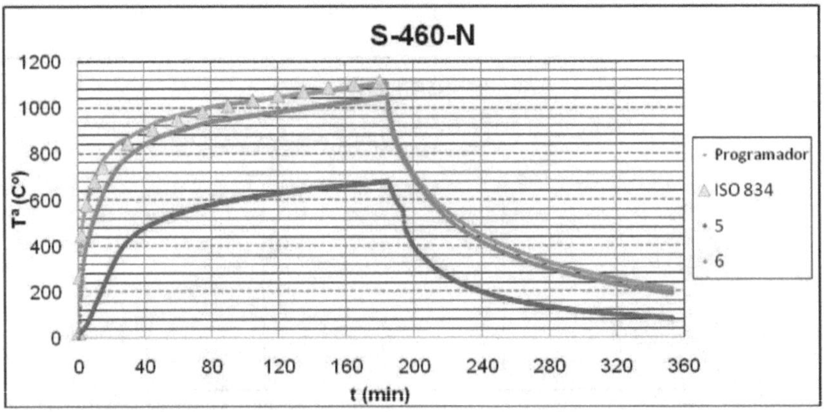

Figura 26. Registro de temperaturas con enfriamiento al aire, en la probeta de acero S-460-N en los puntos 5 y 6 sometido a un fuego estándar bajo curva ISO 834.

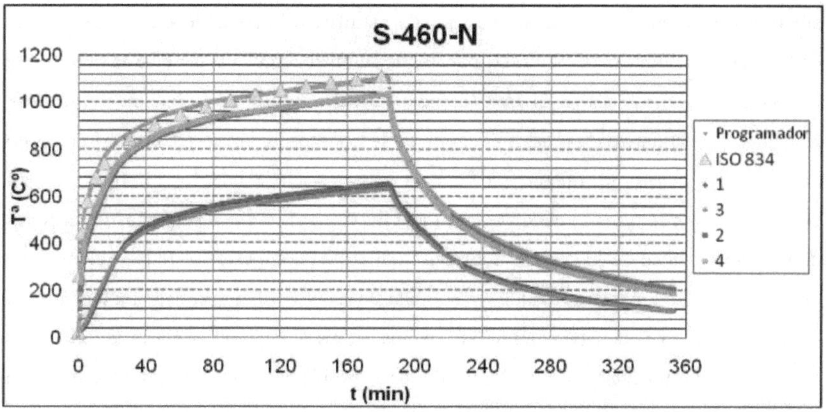

Figura 27. Registro de temperaturas con enfriamiento al aire, en la probeta de acero S-460-N en los puntos 1, 3, 2 y 4 sometido a un fuego estándar bajo curva ISO 834.

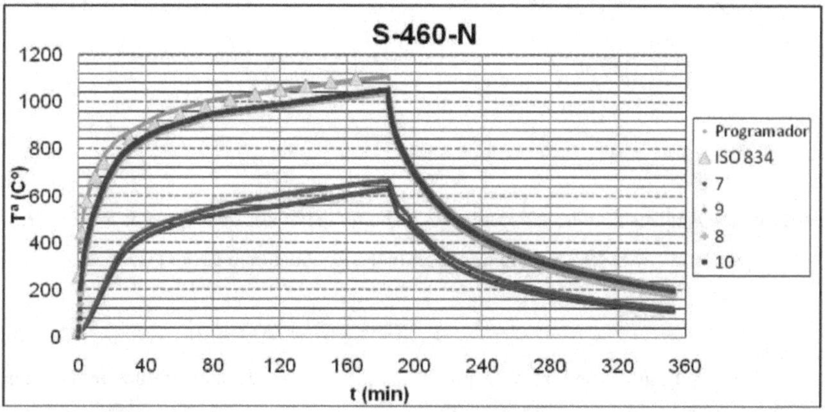

Figura 28. Registro de temperaturas con enfriamiento al aire, en la probeta de acero S-460-N en los puntos 7, 9, 8 y 10 sometido a un fuego estándar bajo curva ISO 834.

En la figura 29, se presenta un análisis comparativo de todos los ensayos anteriores, bajo curva ISO, donde se pone de manifiesto la coincidencia de los perfiles de temperatura en las caras internas, por lo que se puede concluir que ello se debe a que el fenómeno controlante en la transferencia de calor es por radición, manteniéndose constante las emisividades de radiación de los aceros a las temperaturas del foco caliente. No ocurre lo mismo en la cara externa, en donde los perfiles no son coincidentes por lo que se puede sugerir, que ello se puede deber a pequeñas variaciones de la conductividad de los aceros debido a la diferente composición de los mismos. No obstante, las diferencias no son muy acusadas, pero es suficiente para indicar que la conductividad no es constante en los diferentes aceros al carbono, a pesar de que en las normas se da un valor promediado de esta propiedad para las estimaciones en ingeniería.

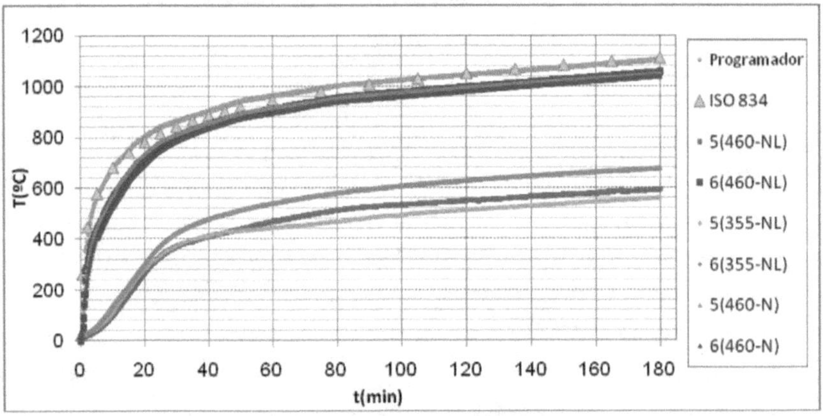

Figura 29. Análisis comparativo del registro de temperaturas de los aceros S-355-NL, S-460-NL y S-460-N sometido a un fuego estándar bajo curva ISO 834.

En las figuras siguientes se presentan los perfiles de temperatura registrados operando el horno bajo un fuego definido por la curva externa, ecuación 3. Estos perfiles de temperatura corresponden a cada uno de los aceros estudiados, en este caso fueron los aceros tipo S-355-NL y S-460-NL.

Debido a que el nivel térmico de la temperatura alcanzada por el horno cuando se opera bajo una curva externa no supera los 700ºC, a partir de los 25 minutos de ensayo prácticamente ya ha alcanzado la condición de régimen estacionario. Los perfiles de las temperaturas son prácticamente punto a punto coincidentes, apareciendo la misma discrepancia que en el caso de la curva ISO para el acero S-355-NL, para los puntos situados en la zona inferior de la probeta.

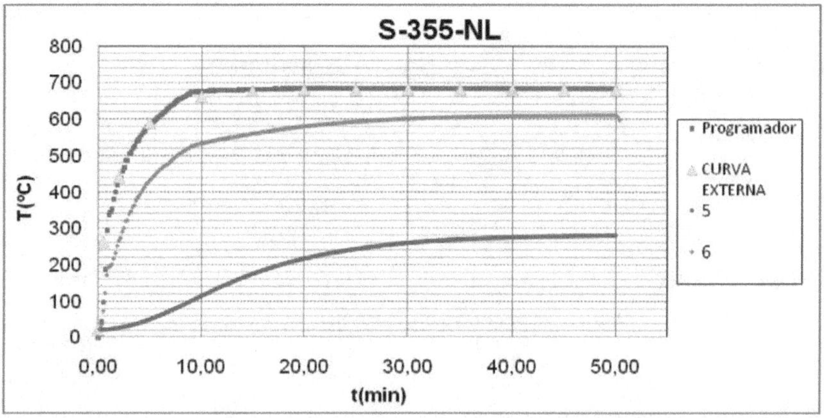

Figura 30. Registro de temperaturas en la probeta de acero S-355-NL en los puntos 5 y 6 sometido a un fuego bajo curva externa.

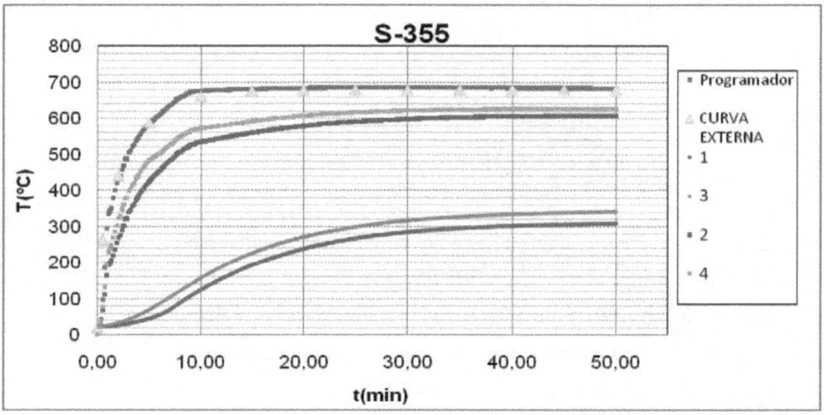

Figura 31. Registro de temperaturas en la probeta de acero S-355-NL en los puntos 1, 3, 2 y 4 sometido a un fuego bajo curva externa.

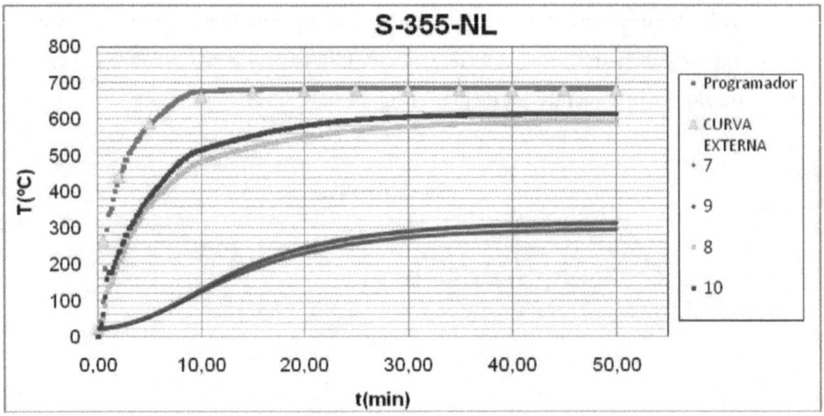

Figura 32. Registro de temperaturas en la probeta de acero S-355-NL en los puntos 7, 9, 8 y 10 sometido a un fuego bajo curva externa.

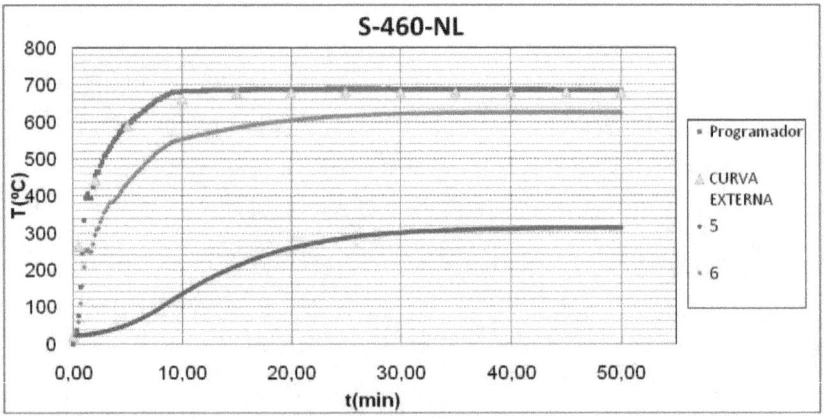

Figura 33. Registro de temperaturas en la probeta de acero S-460-NL en los puntos 5 y 6 sometido a un fuego bajo curva externa.

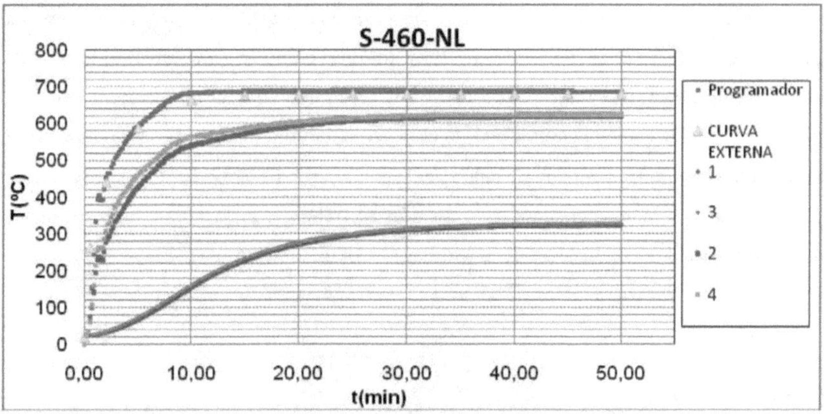

Figura 34. Registro de temperaturas en la probeta de acero S-460-NL en los puntos 1, 3, 2 y 4 sometido a un fuego bajo curva externa.

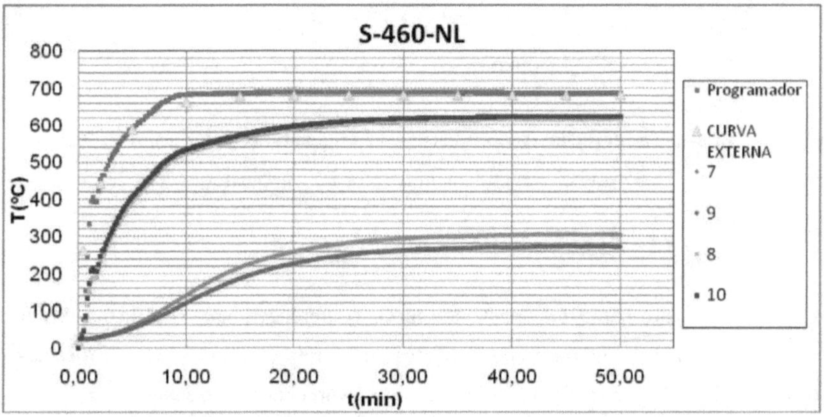

Figura 35. Registro de temperaturas en la probeta de acero S-355-NL en los puntos 7, 9, 8 y 10 sometido a un fuego bajo curva externa.

En la figura 36, se observa un análisis comparativo de todos los ensayos anteriores, bajo curva externa, donde se observa una pequeña discrepancia entre los perfiles de temperatura tanto en la cara interna como en la cara externa, casi despreciable en la cara interna, pudiéndo ser a que debido a la temperatura del foco esbastante menor que en la curva ISO, la conveción natural, puede tener alguna pequeña influencia sobre la transmisión de calor por radiación y más acusada en la cara externa, posiblemete por la misma razón que cuando se trabaja con la curva ISO, pequeñas variaciones en la conductividad de los aceros por su distinta composición.

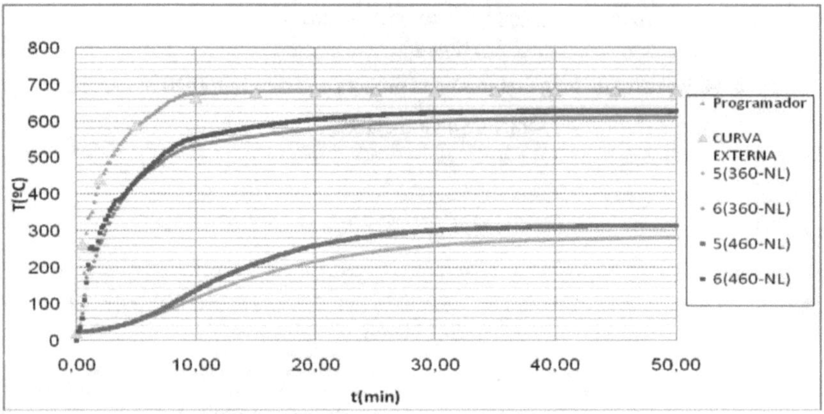

Figura 36. Análisis comparativo del registro de temperaturas de los aceros S-355-NL, S-460-NL sometido a un fuego bajo curva externa.

Finalmente, como fácilmente se puede comprender, una vez finalizados los ensayos, tanto la cara interna como la externa de la probeta de todos los aceros estaban fuertemente oxidadas, ver figura 37, pudiéndose comprobar la aparición de varias capas de óxido. El grado de oxidación da un espesor de la capa de óxido, mayor en la cara expuesta al foco.

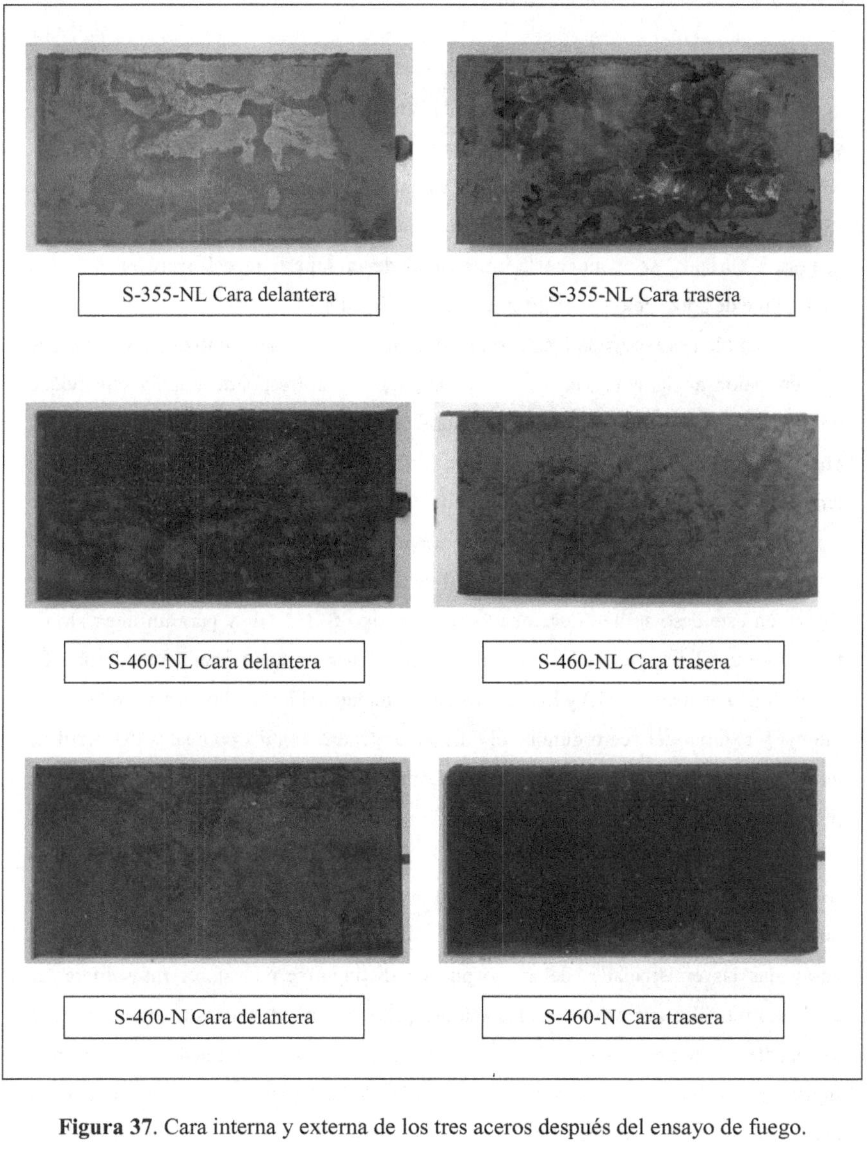

Figura 37. Cara interna y externa de los tres aceros después del ensayo de fuego.

4.4 Modelo de transmisión de calor

En el capítulo de la introducción, se ha hecho referencia a un modelo que permite obtener el perfil de temperatura en un acero estructural en el tiempo, suponiendo que no hay resistencia conductiva en el material, para lo que se utilizan las ecuaciones (8) y (9) junto con una hoja de cálculo, tal como se recoge en la tabla 5, para lo que es preciso realizar el cálculo con aumentos discretos de tiempo. De acuerdo con la norma europea, se mantiene la emisividad de la superficie del acero en 0,5 y el coeficiente de convección prrmanece constante e igual a 25 W/m^2K.

También se recoge la propuesta de dos autores al modelo, uno es T. R. Kay, que fija un valor de la emisividad igual a 0,8, que se corresponde con la emisividad promedio de los aceros al carbono oxidados entre temperatura ambiente y 800ºC. La otra propuesta es de M. B. Wong, que hace variable la emisividad de la superficie con la temperatura, con lo que también se ha tenido en consideración.

La figura 38 muestra una comparativa entre el modelo matemático descrito, frente a los datos experimentales del perfil de temperatura obtenidos de los ensayos de fuego, en este caso se ha seleccionado el acero tipo S-355-NL y para un intervalo de tiempo de una hora, ya que los otros dos aceros tienen un comportamiento similar. La gráfica incluye la curva ISO y los valores del ambiente del horno, las curvas de las caras interna y externa del acero durante el ensayo, así como valores puntuales del perfil de temperaturas que se deduce siguiendo la Euronorma habiéndose incluído también las propuestas de Kay y Wong.

Puede comprobarse que para tiempos inferiores a 5 minutos, todos los modelos se ajustan al perfil de temperatura obtenido en la cara fría o exterior del acero. Para el intervalo de tiempos comprendido entre 10 y 45 minutos, en cada una de las propuestas ensayadas las emisividades del acero pueden distinguirse en valores muy diferentes según los modelos que proponene los autores que se han citado anteriormente, y por ello los perfiles de temperatura pueden oscilar hasta 180ºC, como se puede observar en la figura 38. En conjunto se observa que los perfiles de las temperaturas, evoluciona desde la superficie fría hacia la superficie caliente a medida que aumenta el tiempo del ensayo, para ser coincidente con el perfil experimental de la superficie caliente para tiempos superiores a 45 minutos.

En definitiva el modelo propuesto por la Euronorma, permite obtener órdenes de magnitud de los perfiles de las temperaturas en la probeta, siendo tanto más fiable, cuanto menor sea la masividad del acero ensayado.

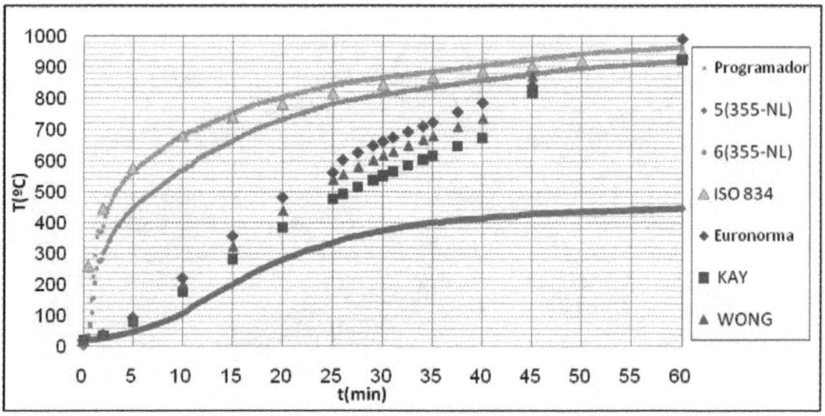

Figura 38. Análisis comparativo entre el perfil de temperatura del acero S-355-NL bajo una curva ISO y tres modelos matemáticos.

4.5 Microestructura del material ensayado

Las muestras de los aceros ensayados se caracterización microestructuralmente por microscopio óptico (MO) y microscopio electrónico de barrido (MEB). En las siguientes micrografías se puede observar la microestructura de los aceros S-355-NL y S-460-NL tras haber sido ensayados, figuras 39 y 40.

De cada uno de los aceros citados se muestran imágenes de la microestructura cercana a la superficie de la probeta expuesta al fuego, de la zona intermedia de la probeta y de la superficie de la probeta que no está en contacto con la zona caliente, tanto para los ensayos con la curva ISO, como para los ensayos bajo la curva externa.

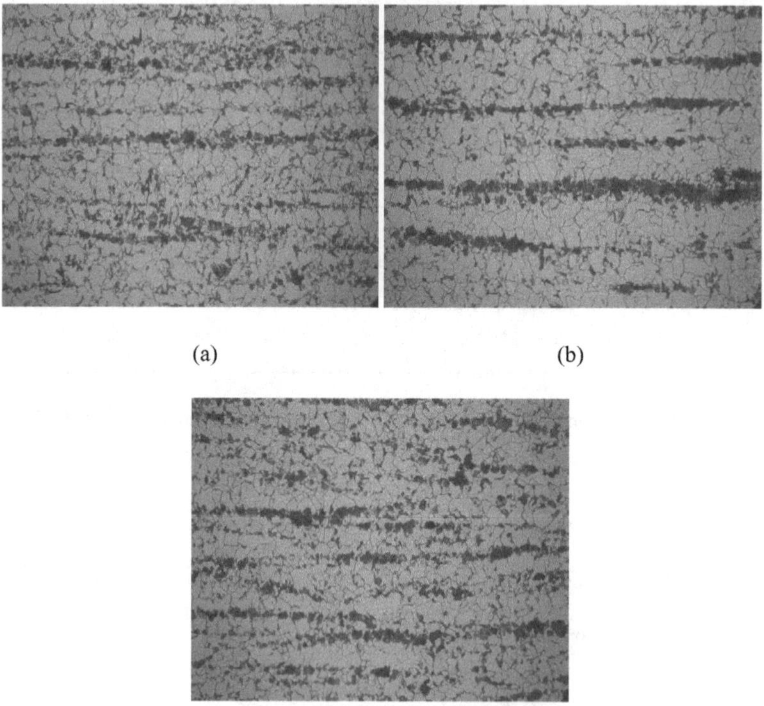

(a) (b)

(c)

Figura 39. Micrografía obtenida por MO del acero S-355-NL a x500: (a) zona delantera, (b) zona media y (c) zona trasera, tras el ensayo bajo curva ISO.

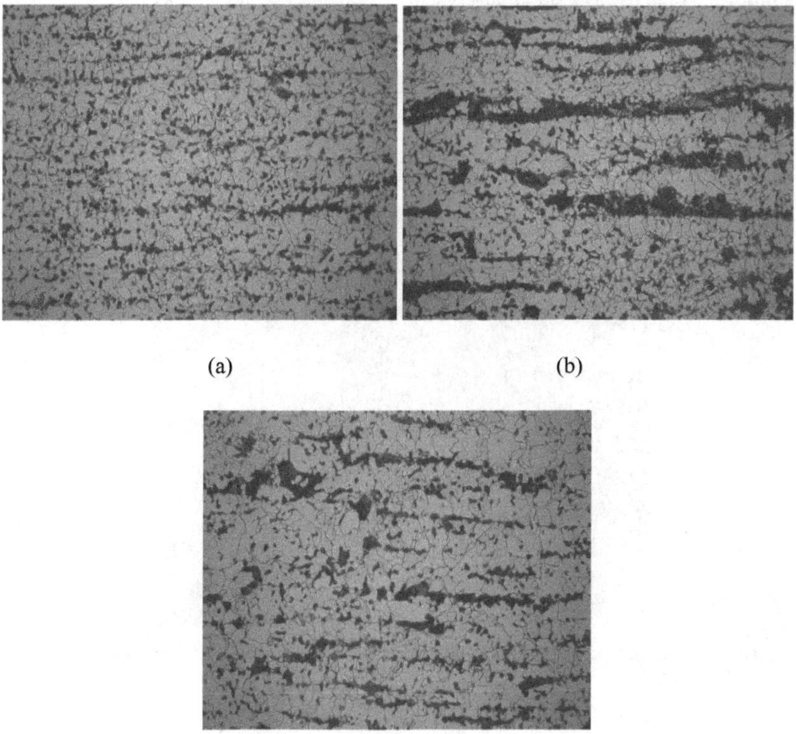

(a) (b)

(c)

Figura 40. Micrografía obtenida por MO del acero S-460-NL a x500: (a) zona delantera, (b) zona media y (c) zona trasera, tras el ensayo bajo curva ISO.

Se puede comprobar a partir de la observación microscópica de la estructura de los aceros S-355-NL y S-460-NL sufre una transformación debido a que durante el ensayo se supera a lo largo de todo el ancho de la probeta la temperatura de 738ºC a partir de la cual el campo de ferrita + perlita pasa a ser austenita. Las colonias de perlita al enfriarse tras la transformación, se redistribuyen dando una estructura donde la definición de las bandas tiende a perderse.

Por otro lado se puede observar cómo en algunos ensayos, en la zona central de las probetas preparadas para la observación metalográfica, las bandas que aparecen, se ensanchan debido a una segregación de estructura martensítica, que de acuerdo con la composición química del acero debe atribuirse fundamentalmente a un segregado de manganeso. Uno de los aspectos por los cuales se puede decir que hay colonias de martensita, es por la coloración crema de la zona.

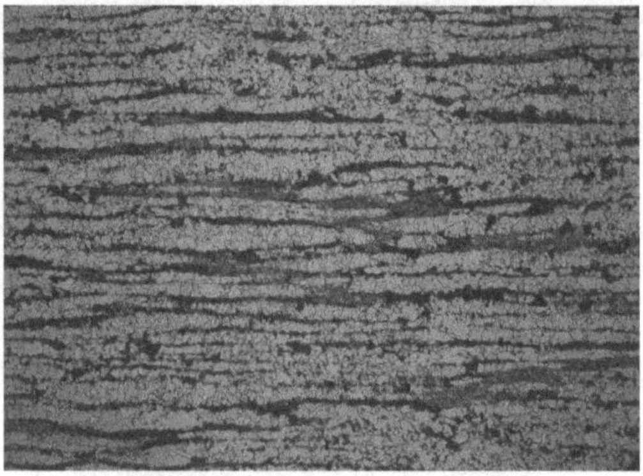

Figura 41. Micrografía obtenida por MO del acero S-460-NL a x500 de la zona media, tras el ensayo bajo curva ISO.

En ambos aceros tras los ensayos de fuego con la curva ISO, sufren un cambio en el tamaño de grano, habiendo una ligera disminución en el acero S-355-NL y un ligero aumento en el caso del S-460-NL. Según el método de la intersección o Heyn se determinó que inicialmente el acero S-355-NL tenía un tamaño de grano de 10μm y tras el ensayo queda en torno a 9μm. Para el S-460-NL N se comprueba que el tamaño fnal de grano es de 9μm, por lo que se puede deducir, que en todos ellos se produce de forma análoga la transformación en estadosólido de austenita a ferrita y ferrita más perlita.

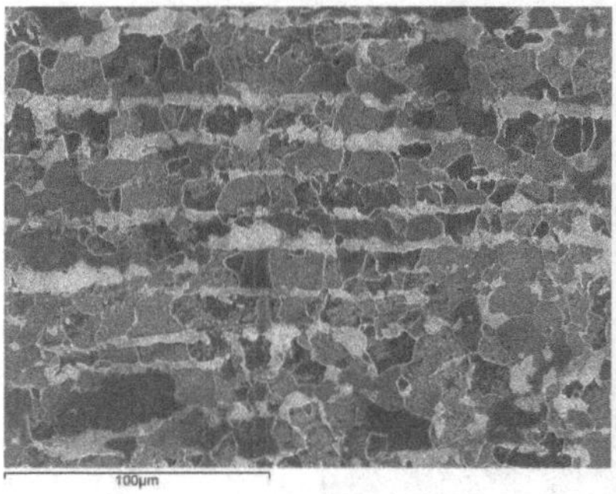

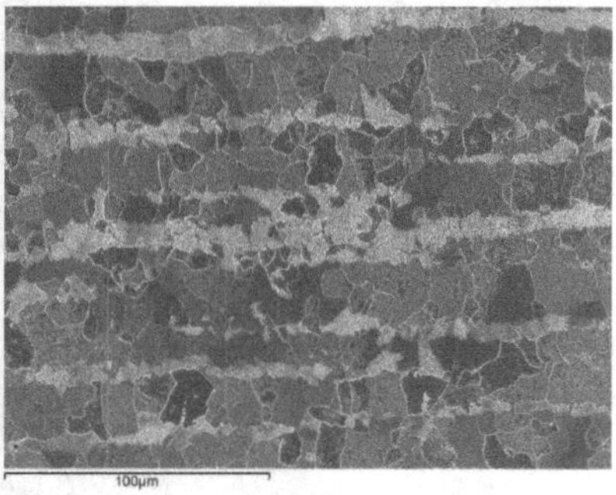

(a) (b)

(c)

Figura 42. Micrografía obtenida por MEB del acero S-355-NL a x500: (a) zona delantera, (b) zona media y (c) zona trasera, tras el ensayo bajo curva externa.

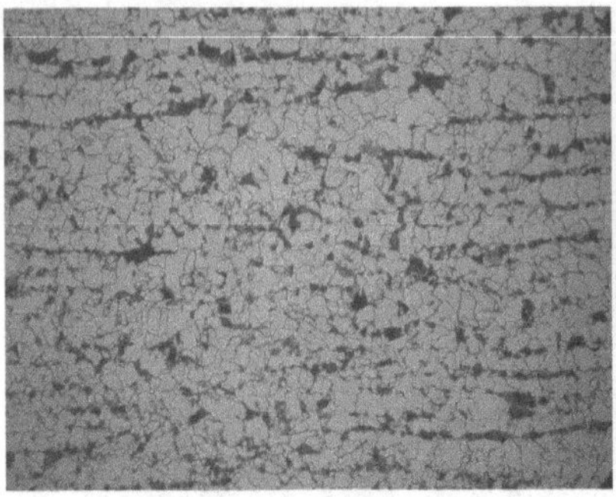

(a)

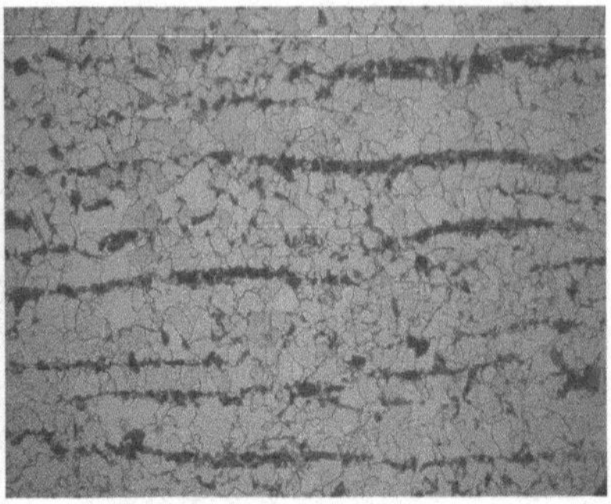

(b)

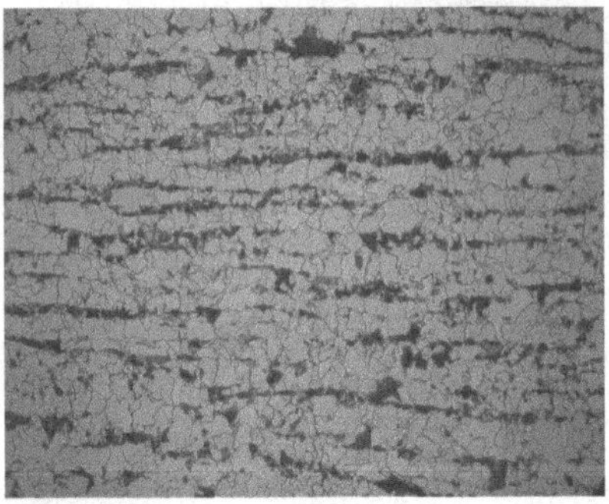

(c)

Figura 43. Micrografía obtenida por MO del acero S-460-NL a x500: (a) zona delantera, (b) zona media y (c) zona trasera, tras el ensayo bajo curva externa.

En las figuras 42 y 43 se presentan las micrografías de los aceros S-355-NL y S-460-NL después del ensayo de fuego bajo la curva externa. Se observa que la estructura no ha experimentado ningún cambio y que su tamaño no ha sufrido variación alguna después de su medida. La variación de tamaño de grano queda de la manera que muestra la tabla 8, indica la constancia en el tamaño de grano después de los ensayos de fuego debido a la transformación de la austenita durante el proceso de enfriamiento del acero

Tabla 8. Tamaño de grano de los aceros S-355-NL, S-460-NL y S-460-N antes y después del ensayo

Tipo de acero	Tamaño de grano (μm)	
	Antes	Después
S-355-NL	10	9
S-460-NL	6	9
S-460-N	5	9

4.6 Ensayos de dureza de los aceros tras la exposición a las curvas de fuego

Se midieron las durezas Rockwell B de cada uno de los aceros después de haber sido sometidos al ensayo de las curvas de fuego, mediante un durómetro Centauro RB2, los resultados se muestran en las tablas 9 a 11.

Tablas 9, 10 y 11. Durezas de los materiales tras los ensayos bajo las curvas ISO 834

Curva estándar	
DUREZA ROCWELL, HRB(Kg/mm2)	
Cara delantera	*Cara trasera*
S-355 NL	
79,7	79,1

Curva estándar	
DUREZA ROCWELL, HRB(Kg/mm2)	
Cara delantera	*Cara trasera*
S-460 NL	
84,8	84,4

Curva estándar	
DUREZA ROCWELL, HRB(Kg/mm2)	
Cara delantera	*Cara trasera*
S-460 N	
71.6	64,2

Tablas 12, 13 y 14. Durezas de los materiales tras los ensayos bajo las curvas externa.

Curva externa	
DUREZA ROCWELL, HRB(Kg/mm2)	
Cara delantera	*Cara trasera*
S-355 NL (55min)	
79,1	76,4

Curva externa	
DUREZA ROCWELL, HRB(Kg/mm2)	
Cara delantera	*Cara trasera*
S-460 NL (55min)	
84,5	80,5

Curva externa	
DUREZA ROCWELL, HRB(Kg/mm2)	
Cara delantera	*Cara trasera*
S-460 NL (3h)	
82,5	79,0

Como puede apreciarse, tanto para el ensayo bajo la curva ISO como para la curva externa, los valores de las durezas Rockwell B, entre la cara expuesta y no expuesta al fuego, no son del mismo orden de magnitud, marcándose una ligera diferencia hacia valores algo más pequeños. La disminución de la dureza de los aceros S-355-NL y S-460-NL no supera el 2%, mientras que para el acero S-460-N (sólo con la curva ISO), la disminución de la dureza es entorno al 40%.

Dado que los aceros al carbono con un contenido de este elemento, inferior al 0,8%, hay una relación de proporcionalidad entre la dureza y la resistencia de los aceros, en el S-460-N, se produce una disminución muy significativa del orden del 40% de la resistencia de dicho acero después de haber sufrido un ensayo de fuego según norma ISO, circunstancia que no ocurre en los otros dos aceros ensayados.

PARTE V

CONCLUSIONES

5 CONCLUSIONES

Las principales conclusiones que se pueden extraer de este estudio a partir de los datos obtenidos y presentados en la Memoria se listan a continuación:

1. Se ha diseñado, construido y operado un horno piloto que permite simular las condiciones de curvas normalizadas de fuego, habiéndose seleccionado la curva de fuego ISO 834 y la de fuego externo, por ser las que mayor aplicación práctica se tiene en la vida real.
2. Se ha operado con un tipo de acero estructural no aleado S-355-NL, así como con los aceros aleados S460NL y N, según norma UNE. Todos estos aceros son de naturaleza ferrítico-perlítica y se emplean tanto en obra civil como en industrial.
3. Para cada caso y situación se han evaluado tanto los niveles de temperatura máximos alcanzado en los tiempos, de acuerdo con la norma ISO 834, para encontrar experimentalmente la variación real de las temperaturas en diferentes puntos de las probetas ensayadas de acero y con dimensiones de 200x100x20 mm.
4. Se han obtenido para los aceros ensayados, los perfiles de temperatura/tiempo, en las probetas ensayadas, tanto por la cara expuesta al foco de calor, zona de fuego, como en la cara que se encuentra fuera de la vista del foco de calor y por tanto del fuego, tal como se ensayan los elementos estructurales en las pruebas de fuego.
5. Se ha analizado la evolución de los perfiles de temperatura tiempo obtenidos, comprobándose la importancia del posicionamiento en la respuesta térmica de los materiales ensayados.
6. También se ha deducido el efecto que tienen los diferentes perfiles de temperatura, en la evolución registrada de la microestructura de los aceros ensayados, así como la evolución de las propiedades mecánicas en los aceros por medio de la dureza Rockwell B. Se observa que para la curva ISO se mantiene la composición, pero la estructura sufre un cambio a diferencia de cuando se usa la curva externa donde se mantiene estructura y composición

PARTE VI

TRABAJO FUTURO

6 TRABAJO FUTURO

El plan de trabajo experimental contempla el desarrollo futuro de las acciones siguientes.

1. Estudio del comportamiento de los aceros al carbono frente la acción de fuego envolvente según norma ISO.
2. Estudio de los flujos de calor para la obtención de los campos de temperaturas en aceros al carbono bajo la acción de fuego normalizado.
3. Estudio del comportamiento de los aceros en uniones soldadas bajo curva ISO de fuego.
4. Estudio del comportamiento mecánico de los aceros al carbono frente al fuego según norma ISO, tanto de la cara interna expuesta al fuego, como de la cara externa.
5. Estudio del comportamiento frente al fuego de materiales seleccionados para ser utilizados como protección frente a la acción de fuego.
6. Aplicación de materiales de protección sobre aceros al carbono y estudio del comportamiento frente a la acción de fuego normalizado.

PARTE VII

REFERENCIAS

7 REFERENCIAS

[1] Prof. Dr. –Ing. Jörg Lange, Dipl. –Ing. Karsten Ewald. "Visible steel for fire safe structure. Case study office building "Junghof"". Procedings of International Conference, Applications of structural fire engineering. Session 1, Case Studies. Prague, 19-20 February 2009.

[2] Dan Pada. "Simulation and study of natural fire in a wide-framed multipurpose hall with steel roof truss". "Procedings of International Conference, Applications of structural fire engineering. Session 1, Case Studies. Prague, 19-20 February 2009.

[3] Paulo Vila Real, Nuno Lopes. "Evaluation of the resistance of a sport hall using structural fire engineering". Procedings of International Conference, Applications of structural fire engineering. Session 1, Case Studies. Prague, 19-20 February 2009.

[4] Summer Jun Ding, David Harries, Etienne Hermouet. "Application of structural fire engineering to the steel work design of cannon place, London". Procedings of International Conference, Applications of structural fire engineering. Session 1, Case Studies. Prague, 19-20 February 2009.

[5] Grzegorz Gluch. "Influence of fire on steel bridge". Procedings of International Conference, Applications of structural fire engineering. Session 5, Steel Structures. Prague, 19-20 February 2009.

[6] Martin Feeney and Charles Clifon. "Application of structural fire design to steel buildings". Procedings of International Conference, Applications of structural fire engineering. Session 5, Steel Structures. Prague, 19-20 February 2009.

[7] Heinisuo M, Hietaniemi J, Kaitila O, Laasonen M, Outinen J. "Integrated fire engineering of steel skeleton". Procedings of International Conference, Applications of structural fire engineering. Session 5, Steel Structures. Prague, 19-20 February 2009.

[8] UNE-EN-1991-1-2, Norma española, Eurocódigo 1: Acciones en estructuras, Parte 1-2: Acciones generales, Acciones en estructuras expuestas al fuego

[9] EN-1993-1-2, European standard, Eurocode 3: Design of steel structures – Part 1-2: General rules – Structural fire design

[10] APTA, Temas monográficos, "La protección contra el incendio". Traducción parcial del libro: "Convevoir et Construire en acier" Bertraind Lemoire Arcelor, Luxembourg, 2005.

[11] Patrick Bamonte, Roberto Felicetti. "Fire scenario and structural behavior of underground parking lots exposed to fire" Procedings of International Conference, Applications of structural fire engineering. Session 2, Fire Modeling. Prague, 19-20 February 2009.

[12] Konstantinous Gkoumas, Chiara Crosti, Luisa Giuliani, franco Bontempi. "Definition and selection of design fire scenarios". Procedings of International Conference, Applications of structural fire engineering. Session 2, Fire Modeling. Prague, 19-20 February 2009.

[13] R. H. R. Tide. "Integrity of Structural Steel After Exposure to Fire". Engineering journal / first quarter /1998.

[14] UNE-EN 1363-1:1999, Ensayos de resistencia al fuego. Parte 1: Requisitos generales

[15] C.R. Barnett. "Replacing international temperature–time curves with BFD curve". Fire Safety Journal 42 (2007) 321–327.

[16] Wei Lu, Pentti Makeläinen, "Advance steel structures". Helsinki University of Technology Laboratory of Steel Structures. Publication 29. Expoo 2003.

[17] C. R Barnett, G. C Clifton. "Examples of fire engineering design for steel members, using a standard curve versus a new parametric curve".

[18] N.D. Pope, C.G. Bailey." Quantitative comparison of FDS and parametric fire curves with post-flashover compartment fire test data". Fire Safety Journal 41 (2006) 99–110.

[19] Von Wingerde, A.M., Packer, J.A. and Wardenier, J. (1995). "Criteria for the Fatigue Assessment of Hollow Structural Section Connections". Journal of Constructional Steel Research, Vol. 35, No.1, pp.71-115.

[20] "Properties and Selection: Irons Steel and High Performance Alloys". ASM Handbook, vol. 1.

[21] UNE-EN-10025-3.

[22] APTA, el acero en la construcción. http://www.apta.com.es/pdf/aceros.pdf.

[23] EN-1993-1-1, Eurocode 3: Design of steel structures, Part 1-1, General rules and rules for buildings. English version.

[24] Thanuja Ranawaka, Mahen Mahendran. "Experimental study of the mechanical properties of light gauge cold-formed steels at elevated temperaturas". Fire Safety Journal 44 (2009) 219–229.

[25] APTA, Nomogramas, Método gráfico para determinar la resistencia al fuego de las estructuras de acero según EN 1993-1-2:2005.

[26] O. Imedio, F. J. Gómez, L. Caballero y A. Valiente, "Ductilidad a alta temperatura de aceros estructurales de construcción de los tipos S460 y S275", Universidad Politécnica de Madrid Departamento de Ciencia de Materiales, E.T.S.I. Caminos, Canales y Puertos. c/ Profesor Aranguren s/n, 28040 Madrid.

[27] Ju Chen, Ben Young. "Stress–strain curves for stainless steel at elevated temperaturas". Engineering Structures 28 (2006) 229–239.

[28] Ju Chen, Ben Young, M.ASCE and Brian Uy, M.ASCE. "Behavior of High Strength Structural Steel at Elevated Temperatures". Journal of structural engineering © ASCE / December 2006.

[29] Wei Sha. "Mechanical properties of structural steels with fire resistance". The Fourth Pacific Rim International Conference on Advance Materials and Processing (PRICM4). Tha Japan Institute of Metals, 2001.

[30] Procedings of International Conference, Applications of structural fire engineering. Session 5, Steel Structures. Prague, 19-20 February 2009.

[31] Kate Anderson, Martin Gillie. " Investigation into methods for predicting conection temperatures". Procedings of International Conference, Applications of structural fire engineering. Session 5, Steel Structures. Prague, 19-20 February 2009.

[32] C.R. Barnett. "BFD curve: a new empirical model for fire compartment temperaturas". Fire Safety Journal 37 (2002) 437–463.

[33] L. Razdolsky. “Mathematical Modeling of Fire Dynamics”. Proceedings of the World Congress on Engineering 2009 Vol II.

[34] Valdir Pignatta e Silva. Determination of the temperature of thermally unprotected steel members under fire situations. Considerations on the section factor. Latin American Journal of Solids and Structures 3 (2006) 149-161.

[35] T. R. Kay, B. R. Kirby & R. R. Preston, “Calculation of the heating Rate of an Unprotected Steel Member in a Standard Fire Resistance Test”, 1996.

[36] J.I. Ghojel, M.B. Wong, “Heat transfer model for unprotected steel members in a standard compartment fire with participating médium”, Journal of Constructional Steel Research 61 (2005) 825–833.

[37] Du Young, Li Guo-qiang. “Effects fleme radiation on temperature elevation”. Procedings of International Conference, Applications of structural fire engineering. Session 5, Steel Structures. Prague, 19-20 February 2009.

FSC
www.fsc.org
MIX
Papier | Fördert
gute Waldnutzung
FSC® C083411

Kolibri 360 GmbH
Ferdinand-Jühlke-Straße 7
99095 Erfurt, Deutschland
produktsicherheit@kolibri360.de

Druck:
CPI Druckdienstleistungen GmbH
im Auftrag der
Kolibri 360 GmbH
Ferdinand-Jühlke-Str. 7
99095 Erfurt